"十四五"时期国家重点出版物出版专项规划项目

先 进 制 造 理 论 研 究 与 工 程 技 术 系 列

情感计算
多轮对话中的情绪预测方法

李大宇　著

哈尔滨工业大学出版社

HARBIN INSTITUTE OF TECHNOLOGY PRESS

内 容 简 介

随着人工智能技术的发展以及智能客服、虚拟助手等应用场景的不断扩展,多轮对话情境下的情绪分析成为研究的重要方向。本书针对多轮对话情绪预测任务,从多轮对话中的情绪传播特性、情绪信息的多源性、情绪反应的多样性等角度,采用序列模型、图神经网络模型、知识图谱以及集成模型等技术,研究并提出了多种对话情绪预测模型,从而为人机对话、智能客服、心理健康咨询等领域的应用提供技术支撑。

本书适合在多轮对话场景下进行情感分析的研究人员、工程师以及对此领域感兴趣的学生和从业者,可以为其进一步探究人工智能、自然语言处理、计算机科学等相关领域提供参考。

图书在版编目(CIP)数据

情感计算:多轮对话中的情绪预测方法/李大宇著.
—哈尔滨:哈尔滨工业大学出版社,2024.5
(先进制造理论研究与工程技术系列)
ISBN 978-7-5767-1268-1

Ⅰ.①情… Ⅱ.①李… Ⅲ.①机器学习-研究 Ⅳ.
①TP181

中国国家版本馆 CIP 数据核字(2024)第 046970 号

策划编辑 王桂芝
责任编辑 张羲琰 马 媛
出版发行 哈尔滨工业大学出版社
社 址 哈尔滨市南岗区复华四道街 10 号 邮编 150006
传 真 0451-86414749
网 址 http://hitpress.hit.edu.cn
印 刷 哈尔滨市石桥印务有限公司
开 本 720 mm×1 000 mm 1/16 印张 7.75 字数 128 千字
版 次 2024 年 5 月第 1 版 2024 年 5 月第 1 次印刷
书 号 ISBN 978-7-5767-1268-1
定 价 68.00 元

前　　言

随着人工智能技术的飞速发展,人机对话系统已经被广泛应用于生活的方方面面。例如,手机智能语音助手可以帮助人们便捷地进行行程规划和订票出行;在电子商务平台中广泛采用的智能客服系统,一方面可以节约电子商务平台的人工成本,另一方面可以及时解决用户提出的问题,提升用户体验。尽管现有的人机对话系统已经具备基本的人机交互能力,但是机器的情感智能仍十分缺乏。"图灵测试"要求机器能够生成类人的回复,而情感是人类交流中不可或缺的关键因素,具有类人智能的机器应该具备感知情感、理解情感和表达情感的能力。因此,在多轮对话中开展情感计算的研究在实现机器的情感智能以及提升用户的人机交互体验等方面具有重要的理论价值和商业价值。

本书是作者近年来研究成果的总结,全书分为 6 章,具体章节的编排如下:

第 1 章,绪论。介绍了多轮对话情绪预测研究的背景及相关工作,并详细分析了研究中存在的问题及面临的挑战,在此基础上,给出本书的研究内容及创新点。

第 2 章,多轮对话情绪预测任务及其基线方法。主要介绍了多轮对话情绪预测任务的形式化定义、多轮对话数据,以及相关的基线方法。

第 3 章,基于情绪传播特性的交互式双状态情绪细胞模型。针对多轮对话情绪预测任务,提出了基于情绪传播特性的交互式双状态情绪细胞模型。该模型包括双状态情绪细胞单元和情绪交互门控单元等,用于建模情绪在对话中的传播特性。

第 4 章,基于多源信息融合的对话者感知模型。针对多轮对话情绪预测任务,提出了基于多源信息融合的对话者感知模型。该模型包括用于建模长期和短期对话历史信息的序列与图结构模块,用于嵌入对话者身份信息的对话者感知模块,以及用于增强模型情绪预测能力的外部常识知识融合模块。

第 5 章,基于情绪反应多样性的自适应集成模型。针对多轮对话情绪预测任务,提出了基于情绪反应多样性的自适应集成模型。该模型包括用于解决对话者情绪反应多样性问题的自适应模型集成策略,以及用于解决知识融合问题的选择性知识融合策略。

第 6 章,总结与展望。总结全书研究工作,并提出未来研究工作的方向。

本书的撰写得到了山西财经大学金融学院、山西大学计算机与信息技术学院各位老师的大力支持,特别是王素格教授和李德玉教授为本书提出了宝贵建议,在此一并致以诚挚的谢意。

本书所涉及的部分研究工作得到了国家自然科学基金项目(项目编号:62306169,62076158)、山西省基础研究计划资助项目(项目编号:202203021212499)、山西省高等学校科技创新项目(项目编号:2022L271)、山西财经大学人才引进科研启动基金(项目编号:Z18390)和山西省来晋博士毕业生科研经费(项目编号:Z24247)的资助。

由于作者水平有限,书中难免有不妥之处,敬请广大专家和读者批评指正。

作　者
2024 年 3 月

目　　录

第1章　绪论 ·· 1

  1.1　研究背景及意义 ······································ 1

  1.2　面临的挑战 ·· 2

  1.3　国内外研究现状 ······································ 3

  1.4　主要研究内容及创新点 ································ 8

  1.5　本书组织结构 ·· 9

第2章　多轮对话情绪预测任务及其基线方法 ·············· 11

  2.1　引言 ·· 11

  2.2　相关任务介绍 ·· 12

  2.3　任务形式化定义 ······································ 14

  2.4　多轮对话数据介绍 ···································· 15

  2.5　基线方法 ·· 20

  2.6　本章小结 ·· 22

第3章　基于情绪传播特性的交互式双状态情绪细胞模型 ···· 23

  3.1　引言 ·· 23

  3.2　交互式双状态情绪细胞模型 ···························· 27

  3.3　实验 ·· 32

  3.4　本章小结 ·· 38

第4章　基于多源信息融合的对话者感知模型 ·············· 39

  4.1　引言 ·· 39

4.2　对话者感知模型 ·· 42

4.3　实验 ·· 53

4.4　本章小结 ·· 67

第5章　基于情绪反应多样性的自适应集成模型 ················· 68

5.1　引言 ·· 68

5.2　自适应集成模型 ·· 70

5.3　实验 ·· 78

5.4　本章小结 ·· 95

第6章　总结与展望 ··· 97

6.1　总结 ·· 97

6.2　展望 ·· 98

参考文献 ··· 100

第 1 章　　绪　　论

1.1　研究背景及意义

随着人工智能技术的飞速发展,人机对话系统已经被广泛应用于生活的方方面面。例如,手机智能语音助手可以帮助人们便捷地进行行程规划和订票出行;在电子商务平台中广泛采用的智能客服系统,一方面可以节约电子商务平台的人工成本,另一方面可以及时解决用户提出的问题,提升用户体验。尽管现有的人机对话系统已经具备基本的人机交互能力,但是机器的情感智能仍十分缺乏。"图灵测试"要求机器能够生成类人的回复,而情感是人类交流中不可或缺的关键因素。因此,具有类人智能的机器应该具备感知情感、理解情感和表达情感的能力。而情感计算正是致力于提升机器情感智能的研究。

情感计算(affective computing)的概念最早是 1997 年由美国麻省理工学院媒体实验室的皮卡德(Picard)教授提出的,她将情感计算定义为"对与情感有关的,由情感引发的,或是能够影响情感的因素的计算",情感计算的目标是"赋予计算机感知、理解以及表达情感的能力"。情感计算作为提升机器情感智能的关键技术,近年来逐渐受到学术界的广泛关注。相关的热点研究包括多模态情感分析、属性级情感分析、情绪原因发现、对话情绪分析以及情感对话生成等。情感计算相关的国际评测相继出现,如音频／视觉情绪挑战(AVEC)、多模态情绪识别挑战(MEC)、国际语义评测大会(SemEval)等,每年都能吸引学术界和工业界的多支队伍参加。国内情感计算方面,中国中文信息学会成立了情感计算专业委员会,并于 2021 年 7 月在北京召开了第一届中国情感计算大会。

近年来,对话情绪分析逐渐成为情感计算领域的研究热点。现有的对话情绪分析技术主要关注对话情绪识别任务,即识别对话中每一个话语的情绪。本书则针对对话情绪分析的另一个子任务开展深入研究 —— 多轮对话中的情绪预测。该任务是通过多轮对话历史、对话者身份信息以及外部常识知识等,对对话者未来时刻的情绪状态进行预测。图 1.1 所示为多轮对话情绪预测任务示例。

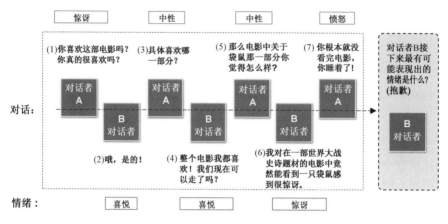

图 1.1　多轮对话情绪预测任务示例

1.2　面临的挑战

在多轮对话的过程中,对话者的情绪复杂多变,给多轮对话情绪预测任务带来诸多挑战,具体如下。

1.情绪传播特性如何融入多轮对话情绪预测模型中

在多轮对话中,对话者的情绪具有多种显著特性:一是上下文依赖性,即对话者话语所表达的情绪与对话的上下文语境密切相关,语境不同,则话语所表达的情绪也不相同;二是持续性,即对话者的情绪可能受到自身心情等因素的持续影响而长期保持不变;三是感染性,即对话者可能受到其他对话者情绪的影响而改变自身情绪。如何将上述 3 种情绪传播特性融入多轮对话情绪预测模型中,是多轮对话情绪预测任务所面临的挑战之一。

2.长短期对话历史信息、对话者身份信息以及外部常识知识如何融入多轮对话情绪预测模型中

多轮对话中的长短期对话历史信息是多轮对话建模过程中的主要信息来源,包括近期的对话历史,如当前轮次和上一轮次的话语信息,以及远距离的对话历史,如对话的初始状态。对话者的身份信息也是多轮对话建模过程中的关键信息,如说话者和听者的角色信息等。此外,与对话相关的外部常识知识信息是提升模型情绪预测能力的关键。如何将上述 3 种信息融入多轮对话情绪预测模型中,也是多轮对话情绪预测任务所面临的挑战之一。

3.情绪反应的多样性如何刻画并融入多轮对话情绪预测模型中

对话者情绪反应的多样性是指对话者在未来时刻所表现出的情绪可能存在多种。若将多轮对话情绪预测任务视为单标签分类问题,需要模型根据多轮对话历史信息,从多种候选的情绪反应中选择一种最符合当前上下文语境的情绪反应。而对话者情绪反应的多样性如何刻画,并融入多轮对话情绪预测模型中,也是多轮对话情绪预测任务所面临的挑战之一。

1.3　国内外研究现状

情感在人类对话交流中起着重要的作用,它可以指导对话者的决策,决定对话的走势,影响对话者的态度等。理解对话中人类的情感对情感抚慰、人机对话、智能问答、私人助理机器人、智能客服等应用研究都具有重要的指导意义。皮卡德教授从感知和表达情感 2 个方面提出了情感计算的 4 种类型(表 1.1)。本节围绕情感计算中的情感感知和情感表达任务,介绍与多轮对话情绪预测任务相关的国内外研究现状,包括文本情绪分析、对话情绪分析和情感常识知识等。

表 1.1　情感计算的 4 种类型

计算机 (computer)	不能表达情感 (cannot express affect)	可以表达情感 (can express affect)
不能感知情感 (cannot perceive affect)	I	II
可以感知情感 (can perceive affect)	III	IV

1.3.1　文本情绪分析

情绪分析是分析人类自发的、内在的情绪状态的研究。心理学家将人类情绪分成不同类别体系。Plutchik(1982)根据情绪与自适应生理过程的关系,将情绪分成 8 种基本类别：信任（trust）、愤怒（anger）、期待（anticipation）、厌恶（disgust）、喜悦（joy）、恐惧（fear）、悲伤（sadness）、惊讶（surprise）。Ekman（1993）根据普遍的面部表情，将情绪分成 6 种基本类别：愤怒（anger）、厌恶（disgust）、恐惧（fear）、喜悦（joy）、悲伤（sadness）、惊讶（surprise）。大连理工大学林鸿飞团队（2008）将中文数据的情绪类别分为 7 类：乐、好、怒、哀、惧、恶、惊。现有的大部分情绪分析的相关研究都是基于以上几种情绪类别体系。

文本情绪分析关注文本数据中的情绪分析，主要的相关研究包括文本情绪识别、情绪原因抽取和属性级情感分析等。

1.文本情绪识别

文本情绪识别是文本情绪分析研究中的一个子任务，它关注文本句子的整体情绪，即识别一个句子所表达的情绪类别。如 Alm 等（2005）使用有监督的机器学习算法预测文本的情绪类别。Gao 等（2013）提出了一种联合学习的方法，将情感识别和情绪识别任务结合，相互促进，以提升文本情绪识别的性能。Chang 等（2015）提出了一种灵活的基于规则的方法，用于读者的情绪分类和写作辅助。这些属于情绪分析的早期研究，考虑的场景与任务相对简单，未考虑更深层次的情绪原因或者多个文本之间的交互信息等。

2.情绪原因抽取

情绪原因抽取（emotion cause extraction，ECE）是文本情绪分析中的另一个研究热点，即探索文本中引发情绪的原因。情绪原因抽取任务相较于简单的情绪识别任务更具有挑战性。情绪原因抽取任务研究初期，由于缺乏标注数据，大量研究者致力于建构情绪原因抽取数据集。如 Gui 等（2016）构建了一个关于城市新闻的中文情绪原因抽取数据集。Cheng 等（2017）基于中文微博数据，构建了一个多用户的情绪原因语料库。Kim 等（2018）在一个文学语料库上标注了情绪的体验者、目标和情绪原因等。随后大量工作在上述标注数据集上开展。如 Gui 等（2017）提出了一种问答式的情绪原因抽取方法。Xia 等（2019）提出了情绪-原因对联合抽取的方法，并且此研究获得了 ACL（计算机语言学协会年会）最佳论文奖。近期的研究包括：Oberländer 等（2020）对比了序列标注方法和从句分类方法对于情绪原因发现任务的效果。Yan 等（2021）为了解决传统情绪原因方法对于从句位置信息的依赖，提出了一种基于图的方法，利用常识知识增强候选子句与情绪子句之间的语义依赖性，从而对情绪触发路径进行显式建模。

3.属性级情感分析

另一类与文本情绪分析相关的研究为文本情感分析(sentiment analysis in text)。与情绪分析不同,文本情感分析的任务是分析文本中某个对象所表达的观点和态度,即正面、负面、中性等。文本情感分析的早期工作旨在检测句子的整体极性,之后更加细粒度的研究引起了广泛关注,即属性(方面)级的文本情感分析。Pontiki 等(2014)在 2014 年国际语义评测大会,提出了属性级情感分析(aspect-based sentiment analysis, ABSA)任务,即识别产品某个属性的情感,如识别用户对笔记本电脑的硬件、软件、价格等方面的评价。

Yan 等(2021)将属性级情感分析任务进行细化,重新定义了属性级情感分析任务的 7 个子任务:属性抽取(aspect term extraction)、观点抽取(opinion term extraction)、属性级情感分类(aspect-level sentiment classification)、面向属性的观点抽取(aspect-oriented opinion extraction)、属性抽取及情感分类(aspect term extraction and sentiment classification)、属性和观点对抽取(aspect-opinion pair extraction)、属性观点情感类别三元组抽取(aspect-opinion-sentiment triplet extraction)。

1.3.2 对话情绪分析

对话情绪分析(emotion analysis in conversations)是指分析对话数据中对话参与者的情绪状态。与文本情绪分析不同,对话情绪分析所研究的对话数据具有有序、多轮以及多人参与等特性。因此,对话情绪分析要求模型除了具有情绪分析的能力,还需要具有建模对话数据的能力。

1.对话情绪识别

对话情绪识别(emotion recognition in conversation,ERC)是对话情绪分析中的一个研究热点,即识别对话中对话者的情绪类别。前期工作侧重于建模多轮对话中话语之间的上下文依赖性。如 Poria 等(2017)提出了一种基于长短期记忆网络(LSTM)模型的上下文依赖情绪分析方法,用于识别视频中用户的情绪。Zahiri 等(2018)提出了一种基于序列结构的卷积神经网络模型,用于文本对话情绪识别。另一类研究侧重于建模多轮对话中对话者之间的交互。如 Hazarika 等(2018)使用对话记忆网络,建模多模态对话数据中对话者之间的交互关系。Majumder 等(2019)使用单方和全局状态,提出了对话者情绪的动态建模方法。

近年来,由于图神经网络方法在建模结构化数据中取得巨大进展,也有学者将图神经网络方法应用于多轮对话的建模中。如 Zhang 等(2019)使用图模型,建模对话上下文依赖和对话者敏感依赖,提出了多人对话中的情绪识别方法。Ghosal 等(2019)提出了一种基于关系图模型的方法,建模对话者之间的依赖关系。Shen 等(2021)提出了一种有向无环图神经网络模型,用于识别对话中的情绪。Hu 等(2021)提出了一种基于图卷积神经网络的多模态对话数据融合方法。

此外,也有研究将外部知识融入模型中以提升模型的情绪识别能力。如 Zhong 等(2019)使用实体知识图谱和情感词典等,提出了基于外部知识增强的文本对话情绪识别方法。Ghosal 等(2020)使用基于事件的外部知识,用于文本对话情绪识别任务。Zhu 等(2021)提出了一种主题驱动的知识感知 Transformer 模型,用于对话情绪识别任务。此外,还有研究者从认知及序列标注等角度出发,研究对话情绪识别任务。

2.情感对话生成

情感对话生成(affective dialogue generation)作为对话情绪分析的子任务之一,近年来也受到广泛关注。情感对话生成是指在对话系统中考虑情绪因素,使机器具有情绪智能,生成更加类人的回复。早期工作关注生成特定情绪类别的对话。如 Zhou 等(2018)提出了情绪聊天机模型,可以根据预先指定的情绪类别生成相应的回复。另一类相关研究是共情对话生成,旨在了解用户感受,然后做出相应的回复。如 Rashkin 等(2019)认为对话模型可以通过识别对话者的感受来产生更多的共情反应。情绪支持对话系统是近年来对话系统的研究热点,旨在减少个人的情绪困扰,可用于情绪抚慰等场景。如 Liu 等(2021)构建了一个情绪支持对话数据集,并设计了一种基于帮助技能理论的情绪支持模型来生成支持性的回复。

3.情绪预测

情绪预测(emotion prediction)任务近年来也逐渐引起了学术界的关注。Lin 等(2008)提出从读者的角度来研究在线新闻文章的情绪类别,他们关注的是新闻数据。Hasegawa 等(2013)提出从听者的角度预测对话者的情绪状态,然而他们只将两轮历史对话作为上下文,并没有考虑多人多轮对话的场景。Bothe 等(2017)和 Wang 等(2020)预估了下一轮对话的情感极性,如积极和消极,未考虑更加细粒度的情绪类别。Rashkin 等(2018) 和 Gaonkar 等(2020) 预测了事件如何诱发故事中人物的情绪,他们关注的是事件数据。与上述情绪预测工作类似,本书研究多轮对话中的情绪预测任务,即根据多轮对话历史,预测未来时刻参与者可能会出现的情绪状态。与上述工作的不同之处在于,本书针对的是多轮对话数据,而非新闻数据和事件数据;分析的是对话参与者的情绪状态,如喜、怒、哀、乐、悲等,而非情感极性。并且,本书考虑了多轮及多人参与的复杂场景,而上述工作研究的场景相对简单。

1.3.3　情感常识知识

外部常识知识对情感计算至关重要,尤其是对于一些缺乏训练数据以及需要一定先验知识的场景。下面介绍几种常用于情感计算任务的常识知识库和预训练语言模型。

1.常识知识库

目前,大量常识知识库被用于情感计算任务。例如,Speer 等(2017) 构造的 ConceptNet 是一个包含概念级关系常识知识的语义网络,其中一个知识包括头实体、尾实体和关系。SenticNet 是一个广泛用于情感分析任务的情感词典,它标注了词的情感极性、情绪类别及强度等。Event2Mind 和 ATOMIC 致力于将推理知识组织为类型化的 If - Then 关系与变量。COMET 是在 ConceptNet 和 ATOMIC 知识库上训练的知识图谱生成模型,能够生成原始知识库中没有的、新颖的、丰富的和多样的知识。最近的研究将常识知识应用于对话系统并得到了显著提升。在本书中,使用 COMET 来生成与对话相关的常识知识,并利用这些知识来增强对话情绪预测。

2.预训练语言模型

近年来,预训练语言模型在自然语言处理领域的多项任务上都得到了较大的性能提升,包括情感计算相关任务。其基本思想是利用模型对大量非结构文本数据进行语言模型预训练,从而使神经网络捕获到丰富的语义信息,使模型具有一定的常识知识推理能力。

其中,静态词向量预训练语言模型的代表性工作有 Word2Vec 和 GloVe 等。然而,传统的静态词向量预训练语言模型无法解决一词多义现象(同样一个词在不同的上下文语境中所表达的含义可能完全不同)。Peters 等(2018) 提出了 ELMo 模型,根据不同的上下文来学习词向量,用于解决一词多义现象。此外,大量工作基于 Transformer 结构,利用更大规模的数据、更强的算力和更多的参数来学习整个句子的向量表示。代表性的工作有 GPT 和 BERT,以及在此基础上进行改进的 XLNet、RoBERTa、ALBERT、MacBERT、ELECTRA、Transformer - XL、DistilBERT、BART、GPT - 3 以及 ERNIE 等,这些预训练语言模型都取得了显著的效果。在本书中,利用这些预训练语言模型来提升模型的文本建模和语义理解能力。

1.4   主要研究内容及创新点

本书针对多轮对话中的情绪预测任务,从多轮对话情绪传播特性、多种信息融合、情绪反应多样性等方面深入开展研究。多轮对话中的情绪预测方法研究整体框架如图 1.2 所示。本书主要研究内容及创新点包括以下 3 个方面。

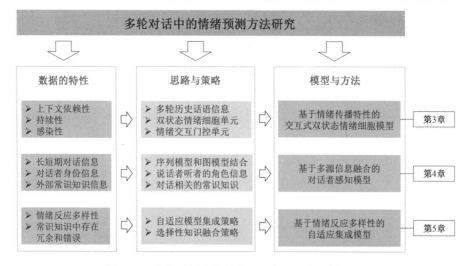

图 1.2   多轮对话中的情绪预测方法研究整体框架

1.基于情绪传播特性的交互式双状态情绪细胞模型

在多轮对话过程中,情绪传播存在 3 个显著的特性:上下文依赖性、持续性和感染性。本书将将这 3 种特性融入多轮对话情绪预测模型中,研究基于情绪传播特性的交互式双状态情绪细胞模型。该模型包含情绪输入门、双状态情绪记忆单元、情绪交互门和情绪输出门,分别模拟了多轮对话过程中对话者情绪状态的输入、存储、交互及输出,并且这些门控和情绪记忆单元刻画了多轮对话中情绪传播的上下文依赖性、持续性和感染性。

2.基于多源信息融合的对话者感知模型

在多轮对话中,长距离和短距离的对话历史信息、对话者的身份信息对情绪预测都至关重要。此外,与对话相关的外部常识知识也可以提升模型的情绪预测能力。本书将长短期对话历史信息、对话者身份信息及外部常识知识信息进行融合,研究基于多源信息融合的对话者感知模型,以提升模型在对话情绪预测任务上的性能。该模型包括用于建模长短期对话历史信息的序列和图结构模块,用于嵌入对话者身份信息的对话者感知模块,以及用于增强模型情绪预测能力的外部常识知识融合模块。

3.基于情绪反应多样性的自适应集成模型

在多轮对话过程中,对话者在未来时刻的情绪反应存在多样性。若将多轮对话情绪预测任务视为单标签分类问题,需要模型根据多轮对话历史信息,从多种候选的情绪反应中选择一种最符合当前上下文语境的情绪反应。本书研究基于情绪反应多样性的自适应集成模型。该模型首先利用多个不同结构和参数的基础预测模型对样本进行情绪预测,从而产生多种不同的预测结果,用于模拟情绪反应的多样性。在此基础上,设计一个自适应决策器,自动地从多种不同的预测结果中选择最符合当前上下文语境的预测结果。此外,还进一步研究一种选择性知识融合策略,对外部常识知识进行有选择性的融入,以减少冗余和错误的外部常识知识对模型带来的负面影响。

1.5　本书组织结构

第 1 章,绪论。介绍了多轮对话情绪预测研究的背景及相关工作,并详细分析了研究中存在的问题及面临的挑战,在此基础上,给出本书的研究内容。

第 2 章,多轮对话情绪预测任务及其基线方法。主要介绍了多轮对话情绪预测任务的形式化定义,多轮对话数据,以及相关的基线方法。

第 3 章,基于情绪传播特性的交互式双状态情绪细胞模型。针对多轮对话情绪预测任务,提出了基于情绪传播特性的交互式双状态情绪细胞模型。该模型包括双状态情绪细胞单元和情绪交互门控单元等,用于建模情绪在对话中的传播特性。

第 4 章,基于多源信息融合的对话者感知模型。针对多轮对话情绪预测任务,提出了基于多源信息融合的对话者感知模型。该模型包括用于建模长期和短期对话历史信息的序列与图结构模块,用于嵌入对话者身份信息的对话者感知模块,以及用于增强模型情绪预测能力的外部常识知识融合模块。

第 5 章,基于情绪反应多样性的自适应集成模型。针对多轮对话情绪预测任务,提出了基于情绪反应多样性的自适应集成模型。该模型包括用于解决对话者情绪反应多样性问题的自适应模型集成策略,以及用于解决知识融合问题的选择性知识融合策略。

第 6 章,总结与展望。总结全书研究工作,并提出未来研究工作的方向。

第 2 章　　多轮对话情绪预测任务
及其基线方法

2.1　引　　言

作为人类的基本心理特征之一,情绪在人类交流中起着至关重要的作用,如指导对话者的决策、增强社会联系等。因此,开发出具有情绪智能的对话系统是人工智能的长期目标之一。随着社交媒体、在线论坛和智能客服等应用的发展,对话情绪分析近年来引起了学术界的广泛关注。本书研究对话情绪分析中的一个子任务 —— 多轮对话中的情绪预测。

多轮对话情绪预测作为提升机器情感智能的一个重要研究内容,旨在根据对话历史话语信息、对话参与者身份信息和外部常识知识信息等,预测未来时刻对话参与者可能出现的情绪状态。如图 2.1 中的对话所示,多轮对话情绪预测任务是指根据前 7 轮对话历史来预测对话者 B 在下一轮即第 8 轮中的情绪。从技术层面,可以将多轮对话情绪预测任务看作一个分类任务,即给定一个多轮对话,将其分类为给定情绪标签集合中的某一个情绪标签。它与现有的情绪分类任务(如对话情绪识别等)不同,后者所要识别情绪类别的信息已经给出。而本书研究的多轮对话情绪预测任务,是指在不知道对话者未来时刻的话语信息的前提下,通过已有的一些对话历史、对话者身份、外部常识知识等背景信息,对对话者未来时刻的情绪状态进行预测。

多轮对话情绪预测技术存在广泛的应用场景。从机器智能和人类需求 2 个角度,多轮对话情绪预测技术可以被应用于类人对话生成和心理健康咨询与抚慰中。

(1)类人对话生成。

从机器智能的角度,可以将多轮对话情绪预测技术应用于类人对话生成

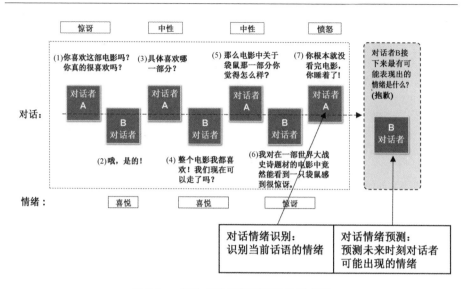

图 2.1   多轮对话情绪预测任务示意图

中。为了增强机器的拟人化程度,提升人机交互中的用户体验,应当赋予机器表达情绪的能力。并且,机器所表达的情绪应当符合当前语境,这样可以避免机器产生对抗性的回复。因此,机器在进行情绪表达时,首先需要利用多轮对话情绪预测技术预测出符合当前语境的情绪类别,然后在此情绪类别的基础上进行检索与生成,最终产生带有合理情绪的类人回复。

(2)心理健康咨询与抚慰。

从人类需求的角度,可以将多轮对话情绪预测技术应用于心理健康咨询等服务中。例如,在与抑郁症患者的交流中,多轮对话情绪预测技术可以实时监测和分析对话过程中患者的情绪状态,并且对患者未来可能出现的情绪状态进行预测。若系统预测患者未来时刻可能会产生悲伤和焦虑等负面情绪,心理医生可以对患者进行提前的心理疏导与行为干预等,从而避免产生不可挽回的严重后果。

2.2   相关任务介绍

目前已有大量与多轮对话情绪预测任务相关的研究,包括文本情感分类、情绪原因发现和情绪对话生成等。本节主要介绍与对话情绪预测任务最相关的 3 个任务:文本情绪识别、对话情绪识别和情绪预测,并详细分析它们与本书研究的多轮对话情绪预测任务之间的不同。

1.文本情绪识别

文本情绪识别任务是指识别给定文本中所蕴含的情绪类别,如愤怒(anger)、厌恶(disgust)、恐惧(fear)、喜悦(joy)、悲伤(sadness)、惊讶(surprise)等。文本情绪识别任务与本书所研究的多轮对话情绪预测任务之间的不同主要有:

(1)多轮对话情绪预测任务关注对话数据,考虑了多轮对话数据中不同轮次话语之间的上下文依赖关系;而文本情绪识别任务通常研究单个句子的情绪类别。

(2)多轮对话情绪预测任务需要考虑多个对话参与者之间的情绪交互,而文本情绪识别任务通常不涉及参与者信息。

(3)多轮对话情绪预测任务侧重于情绪预测,即预测未来时刻的情绪状态;而文本情绪识别任务则关注当前文本的情绪类别,属于识别任务。

2.对话情绪识别

由于社交媒体平台上对话数据的增长,对话情绪识别任务近年来受到了学术界和工业界的广泛关注。对话情绪识别任务是指根据对话上下文信息,识别对话中每个话语的情绪类别。形式化地给定一个多人参与的多轮对话 D,对话 D 是由 m 轮话语组成的,$D = [U_1, U_2, \cdots, U_t, \cdots, U_m]$。对话 D 中每一轮次的对话参与者信息记为 $[p_1, p_2, \cdots, p_t, \cdots, p_m]$,其中,$p_t$ 是轮次 t 的参与者,U_t 是对话者 p_t 在 t 时刻所说的话语。对话情绪识别任务是指识别对话中每个话语 $U_1, U_2, \cdots, U_m$ 所对应的情绪类别 $E_1, E_2, \cdots, E_m$:

$$E_1, E_2, \cdots, E_m \sim P(E_1, E_2, \cdots, E_m \mid U_1, U_2, \cdots, U_m) \tag{2.1}$$

可以看出,对话情绪识别与对话情绪预测是两个相关但又不同的任务。如图 2.1 所示,对话情绪识别任务识别给定话语的情绪类别,而对话情绪预测任务是要在人们还不知道下一时刻对话者的具体反应的前提下来预测对话历史将如何影响对话者的情绪。此外,对话情绪识别任务通常利用过去的和未来的上下文信息来帮助识别话语中的情绪,而对话情绪预测任务无法访问任何未来时刻的信息。上述特点说明,相较于对话情绪识别任务来说,对话情绪预测是一项更加困难的任务,因为未来时刻的信息并不可用。这就需要对话情绪预测模型具备建模未来时刻对话参与者情绪状态的能力以及一定的常识推理能力,而现有的用于对话情绪识别任务的方法还不具备这样的能力。

3.情绪预测

情绪预测(Emotion Prediction)任务是指预测未来时刻参与者的情绪状态。如 Lin 等(2008)预测读者看到新闻的情绪反应;Hasegawa 等(2013)在两轮对话中预测听者的情绪状态;Bothe 等(2017)和 Wang 等(2020)预测下一轮对话的情感极性,如积极和消极。本书研究多轮对话中的情绪预测任务,根据多轮对话历史预测未来时刻对话参与者可能会出现的细粒度情绪状态,如喜、怒、哀、乐、悲等。

2.3 任务形式化定义

本书将多轮对话情绪预测定义为:给定多轮对话历史话语信息、对话参与者信息以及外部常识知识,预测下一时刻对话参与者的情绪状态。下面详细介绍本书涉及的一些符号以及任务的形式化定义。

给定一个多人参与的多轮对话历史 D,对话历史 D 由 m 轮话语组成。设 $D = [U_1, U_2, \cdots, U_t, \cdots, U_m]$,$U_t$ 是 t 时刻的话语,它由 N 个词组成,即 $U_t = (w_1^t, w_2^t, \cdots, w_N^t)$,$m$ 是给定的整个对话历史的最后一轮。对话历史 D 中每一轮次对应的对话参与者信息记为 $[p_1, p_2, \cdots, p_t, \cdots, p_m]$,其中,$p_t$ 是轮次 t 的参与者,U_t 是对话者 p_t 在 t 时刻所说的话语。

现在引入符号 p_{m+1}^a,p_{m+1}^a 是下一轮即第 $m+1$ 轮的对话参与者。在 $m+1$ 时刻,参与者 p_{m+1}^a 接收到上一轮对话者 p_m 所写的消息 U_m,并将在第 $m+1$ 时刻对此做出回复。并且,在当前第 m 时刻,并不知道下一时刻的对话者 p_{m+1}^a 将会做出怎样的回复,即第 $m+1$ 时刻的话语信息 U_{m+1} 并不可用。

此外,本书还考虑将外部常识知识融入模型以增强模型的预测能力,并将与对话相关的外部常识知识记为 K。

本书将多人参与的多轮文本对话情绪预测任务形式化定义为:根据前 m 轮对话的历史话语信息 $[U_1, U_2, \cdots, U_t, \cdots, U_m]$,前 m 轮对话历史中对应轮次的参与者身份信息 $[p_1, p_2, \cdots, p_t, \cdots, p_m]$,下一轮(第 $m+1$ 轮)对话的参与者身份信息 p_{m+1}^a,以及外部常识知识 K,在还未知下一轮对话的话语信息的前提下预测对话者 p_{m+1}^a 可能会出现的情绪状态 E_{m+1}^a,即根据整个对话历史、对话参与者身份信息以及常识知识来预测对话者 p_{m+1}^a 在下一时刻(第 $m+1$ 时刻)可能会表现出的情绪反应:

$$E_{m+1}^a \sim P(E_{m+1}^a \mid (U_1,p_1),(U_2,p_2),\cdots,(U_t,p_t),\cdots,(U_m,p_m),p_{m+1}^a,K)$$

$$(2.2)$$

表 2.1 中给出了多轮对话情绪预测任务相关符号示例。多轮对话情绪预测任务是指基于前 5 轮对话历史以及相应的常识知识 K，预测对话者 Person Y 在听到 Person X 的话语"我来帮你看看,我懂一点修理"后的情绪反应:"感激"。值得注意的是,作为对话的参与者之一,下一轮的对话参与者 p_{6}^{a} 的身份与对话历史中某些对话参与者可能相同,如 $p_6^a = p_2$(Person Y),即下一轮的对话参与者 p_6^a 和历史对话中第 2 轮的对话参与者 p_2 的身份都是 Person Y。同时,下一轮的对话参与者 p_{m+1}^a 的身份与对话历史中参与者的身份也可能完全不同,如 p_6^a(Person Y) $\neq p_5$(Person X)。在接下来的模型构建过程中,充分考虑了对话者之间身份信息的差异以及它们之间的情绪交互。

表 2.1　　多轮对话情绪预测任务相关符号示例

对话轮	对话者	话语
1	p_1: Person X	U_1:你好!
2	p_2: Person Y	U_2:你好!
3	p_3: Person X	U_3:你怎么在这里? 发生了什么?
4	p_4: Person Y	U_4:我的车坏了,我不知道怎么修。
5	p_5: Person X	U_5:我来帮你看看,我懂一点修理。
6	p_6^a: Person Y	U_6:未知

p_6^a:下一时刻的对话参与者 Person Y

K:对话历史相关的常识知识库

E_6^a:对话者 Person Y 在下一时刻的情绪反应

2.4　　多轮对话数据介绍

为了验证本书所提方法的有效性,本节将介绍多轮对话情绪预测任务的数据集。给定一个多轮对话数据集,数据集中每一个样例是一个完整的多轮对话,包括有序的轮次、每一个轮次的参与者以及每一个轮次参与者所说的话语。首先,对对话数据集进行人工标注,标注对话中每一个轮次参与者所说的话语的情绪标签。然后针对对话情绪预测任务,构建相应的训练和测试数据。对话情绪预测任务旨在根据对话历史来预测下一时刻对话者的情绪标签。将

对话样本中的前 m 轮的参与者信息、话语信息,以及第 $m+1$ 轮的参与者信息作为输入,将第 $m+1$ 轮话语的情绪标签作为训练目标。

在表 2.2 的多轮对话样例中,将前 5 轮的对话参与者信息和话语信息以及第 6 轮的参与者信息作为输入,将第 6 轮话语的情绪标签作为训练目标,以此来构建一个多轮对话情绪预测任务的训练样本。图 2.2 中展示了此对话样例用于多轮对话情绪预测任务所对应的 JSON 格式。

表 2.2 一个完整的多轮对话数据样例

对话轮	对话者	话语	情绪标签
1	Person X	你好!	中性
2	Person Y	你好!	中性
3	Person X	你怎么在这里?发生了什么?	中性
4	Person Y	我的车坏了,我不知道怎么修。	伤心
5	Person X	我来帮你看看,我懂一点修理。	中性
6	Person Y	那真是太感谢了!	感激

在实验中,使用了 5 个英文多轮对话数据集用于验证本书提出的模型的有效性:DailyDialog、Semeval19Emocon、IEMOCAP、MELD 和 EmoryNLP。表 2.3 统计了这 5 个数据集中训练集和测试集的切分情况以及对话数和话语数等信息,表 2.4 统计了这 5 个数据集中各情绪标签的分布情况。

(1)DailyDialog 数据集是由 Li 等(2017)构建的多轮对话数据集。数据集来源于网络上人们的日常对话。该日常对话数据集包含了丰富的情绪信息,表明情绪是日常社交中的重要组成部分,并且可以增强人与人之间的社会联系。该数据集包含 13 118 个多轮对话,对话中每个话语都被人工标注了情绪标签。剔除了数据集中完全不含情绪信息的对话,即所有话语的情绪都为"无情绪(no emotion)"的对话,剩余 6 871 个带有情绪的对话。DailyDialog 数据集的情绪标签集为 $E = \{$无情绪(no emotion),愤怒(anger),厌恶(disgust),恐惧(fear),快乐(happiness),悲伤(sadness),惊讶(surprise)$\}$[①]。

---

① LI Y, SU H, SHEN X, et al. DailyDialog: A manually labelled multi-turn dialogue dataset[C]//Proceedings of the Eighth International Joint Conference on Natural Language Processing (Volume 1: Long Papers). Asian Federation of Natural Language Processing, 2017: 986 – 995.

```
{
    "输入": {
        "对话历史": [
            {
                "对话轮": 1,
                "说话者": "PersonX",
                "话语": "你好!",
                "情绪标签": "中性"
            },
            {
                "对话轮": 2,
                "说话者": "PersonY",
                "话语": "你好!",
                "情绪标签": "中性"
            },
            {
                "对话轮": 3,
                "说话者": "PersonX",
                "话语": "你怎么在这里?发生了什么?",
                "情绪标签": "中性"
            },
            {
                "对话轮": 4,
                "说话者": "PersonY",
                "话语": "我的车坏了，我不知道怎么修。",
                "情绪标签": "伤心"
            },
            {
                "对话轮": 5,
                "说话者": "PersonX",
                "话语": "我来帮你看看，我懂一点修理。",
                "情绪标签": "中性"
            }
        ],
        "下一轮对话者": "PersonY"
    },
    "预测标签": "感激"
}
```

图 2.2   多轮对话情绪预测任务训练样本示例

（2）Semeval19Emocon 是国际语义评测"文本中的上下文情绪检测"数据集（International Workshop on Semantic Evaluation 2019 Task 3：EmoContext：Contextual Emotion Detection in Text）。Semeval19Emocon 包含 38 424 个三轮对话，平均话语长度（5.1）比 DailyDialog（13.3）短，并且该数据集搜集自社交媒体，包含许多非正式术语和缩写。Semeval19Emocon 数据集中使用的情绪标签集为 $E = \{$ 其他（others），愤怒（anger），悲伤（sad），快乐（happy）$\}$①。

（3）IEMOCAP 是 10 个参与者之间两两进行对话所构成的多轮对话数据集。10 个演员按照剧本或者即兴表演进行两两对话，然后要求标注者对每个话语的情绪进行标注。IEMOCAP 数据集的平均对话轮数要远远大于其他对话数据集，大约为 50 轮，这为长距离话语信息的建模提供了有效的数据支撑。我们遵循先前工作的数据集拆分规则。IEMOCAP 数据集中使用的情绪标签集为 $E = \{$ 快乐（happy），悲伤（sad），中性（neutral），愤怒（angry），兴奋（excited），沮丧（frustrated）$\}$②。

（4）MELD 是从电视节目 *Friends* 中收集的多模态对话数据集，数据集中有 9 个参与者。MELD 数据集中使用的情绪标签集为 $E = \{$ 中性（neutral），惊讶（surprise），恐惧（fear），悲伤（sadness），喜悦（joy），厌恶（disgust），愤怒（anger）$\}$③。

（5）EmoryNLP 是来源于电视节目 *Friends* 的另一个数据集，该数据集中也有 9 个参与者。与 MELD 的情绪标签类别体系不同，EmoryNLP 数据集中使用的情绪标签集为 $E = \{$ 喜悦（joyful），气愤（mad），平和（peaceful），中性（neutral），悲伤（sad），强大（powerful），恐惧（scared）$\}$④。

---

① CHATTERJEE A, NARAHARI K N, JOSHI M, et al. SemEval － 2019 task 3：EmoContext contextual emotion detection in text[C]// Proceedings of the 13th International Workshop on Semantic Evaluation. Minneapolis, USA：Association for Computational Linguistics, 2019：39 － 48.

② BUSSO C, BULUT M, LEE C C, et al. IEMOCAP：Interactive emotional dyadic motion capture database[J]. Language resources and evaluation, 2008, 42(4)：335 － 359.

③ PORIA S, HAZARIKA D, MAJUMDER N, et al. MELD：A multimodal multi-party dataset for emotion recognition in conversations[C]//Proceedings of the 57th Annual Meeting of the Association for Computational Linguistics. Florence, Italy：Association for Computational Linguistics, 2019：527 － 536.

④ ZAHIRI S M, CHOI J D. Emotion detection on TV show transcripts with sequence-based convolutional neural networks[C]//Proceedings of the AAAI Workshop on Affective Content Analysis, 2018：44 － 52.

表 2.3　数据集统计信息

数据集	切分	对话数	话语数	平均对话长度（轮数）	平均话语长度（词的个数）
DailyDialog	训练集 + 验证集	6 332	54 908	8.7	13.3
	测试集	539	4 639		
Semeval19 Emocon	训练集 + 验证集	32 915	98 745	3	5.1
	测试集	5 509	16 527		

数据集	对话数			平均对话轮数			话语数			平均话语长度		
	训练集	验证集	测试集	训练集	验证集	测试集	训练集	验证集	测试集	训练集	验证集	测试集
IEMOCAP	120	12	31	47.8	53.9	52.3	5 163	647	1 623	12.4	11.4	13.3
MELD	1 039	114	280	9.6	9.7	9.3	9 989	1 109	2 610	8.0	8.0	8.3
EmoryNLP	659	89	79	11.5	10.7	12.5	7 551	954	984	7.9	7.0	7.8

表 2.4　数据集情绪标签分布情况

DailyDialog	无情绪（no emotion）	愤怒（anger）	厌恶（disgust）	恐惧（fear）	快乐（happiness）	悲伤（sadness）	惊讶（surprise）
训练集 + 验证集	38 920	904	306	157	11 866	1 048	1 707
测试集	3 220	118	47	17	1 019	102	116
总计	42 140	1 022	353	174	12 885	1 150	1 823

Semeval19Emocon	其他（others）	愤怒（anger）	悲伤（sad）	快乐（happy）
训练集 + 验证集	17 286	5 656	5 588	4 385
测试集	4 677	298	250	284
总计	21 963	5 954	5 838	4 669

IEMOCAP	快乐（happy）	悲伤（sad）	中性（neutral）	愤怒（angry）	兴奋（excited）	沮丧（frustrated）	总计
训练集	451	771	1 221	831	593	451	5 163
验证集	53	68	103	102	149	53	647
测试集	144	245	384	170	299	144	1 623

续表 2.4

MELD	中性 (neutral)	惊讶 (surprise)	恐惧 (fear)	悲伤 (sadness)	喜悦 (joy)	厌恶 (disgust)	愤怒 (anger)	总计
训练集	4 710	1 205	268	683	1 743	271	1 109	9 989
验证集	470	150	40	111	163	22	153	1 109
测试集	1 256	281	50	208	402	68	345	2 610
EmoryNLP	喜悦 (joyful)	气愤 (mad)	平和 (peaceful)	中性 (neutral)	悲伤 (sad)	强大 (powerful)	恐惧 (scared)	总计
训练集	1 677	785	638	2 485	474	551	941	7 551
验证集	205	97	82	322	51	70	127	954
测试集	217	86	111	288	70	96	116	984

2.5 基线方法

本节将介绍 11 种用于多轮对话情绪预测任务的基线方法,并分析这些方法的优缺点。在后续的章节中,通过与这些方法进行详细对比,验证本书提出的模型的有效性。

1.CNN

CNN 是指卷积神经网络模型,其在图像和文本识别任务上效果显著。本书使用预训练的 GloVe 词嵌入初始化 CNN 模型,将每个话语表示为一个 2D 矩阵,然后输入 CNN 中以预测下一时刻对话者的情绪状态。此基线方法是在话语级别上进行训练,即仅使用当前时刻的话语去推断下一轮的情绪标签。此方法将情绪预测任务当作一般的句子级分类任务,只考虑了当前轮次的话语信息,而未考虑更远的历史话语信息,并且对话者的身份信息也未被考虑。

2.LSTM/sc - LSTM

LSTM 模型被广泛用于对序列数据进行建模,并克服了梯度消失问题。本书使用 LSTM 模型对对话数据进行建模,作为所提模型的对比方法之一。sc - LSTM 是一个简单的上下文单向 LSTM 模型。它使用基本的 LSTM 单元,并以对话历史中的话语序列作为输入,获得对话历史的上下文表示,然后使用线性分类层来预测情绪。相较于 CNN 模型,LSTM/sc - LSTM 模型考虑了更长的对话历史,然而,不同轮次话语之间的交互以及对话者的身份信息同样未被考虑。

3.LSTM + Attn

评估带有 Attention(Attn) 机制的 LSTM 模型,它可以利用 Attention 机制有效地从句子中提取重要信息,并且在各种 NLP(自然语言处理) 任务上都证明了其有效性。与 LSTM 模型相同,不同轮次话语之间的交互以及对话者的身份信息也未被考虑。

4.ECM

ECM 是将层级循环编码解码器模型用于多轮对话情绪预测任务的变体。层级循环编码解码器 HRED 模型利用层级的循环网络来编码和解码对话数据的层级结构,将此模型修改后用于多轮对话情绪预测任务,并将其记为 ECM。相较于传统的 LSTM 模型,ECM 模型利用层级结构来建模对话数据,对话轮次间的关系被部分考虑,但是未考虑对话者的身份信息。

5.DialogueRNN

DialogueRNN 是一个用于对话情绪识别任务的循环神经网络模型。它使用两个 GRU 单元跟踪对话中各个对话者的情绪状态以及全局上下文信息。此外,另一个 GRU 单元用于在整个对话中跟踪情绪状态。DialogueRNN 模型考虑了对话参与者信息,但是未考虑未来时刻对话者与对话历史状态间的交互信息。

6.DialogueGCN

DialogueGCN 采用关系图卷积网络(GCN),并使用对话者之间的相互依赖关系来对话语进行建模。DialogueGCN 模型利用图模型结构考虑了不同轮次话语之间的交互关系,但是,同样未考虑未来时刻对话者与对话历史状态间的交互信息。

7.RoBERTa

RoBERTa 是一个基于 Transformer 的预训练语言模型,它在大规模自然语言语料库上进行了预训练,并在多个 NLP 任务上取得了最先进的结果,如 GLUE、RACE 和 SQuAD 等。本书的实验使用了 RoBERTa 模型的 Large 版本所对应的框架结构(24 层隐层,16 个自注意力头,隐层维度为 1 024,共 355 M 参数),并使用 RoBERTa 模型原文中所提供的参数来初始化模型。与上述 CNN 基线方法类似,在话语级上进行训练,使用当前轮次的话语来预测下一轮的情绪标签。相较于 CNN 模型,RoBERTa 模型拥有更强大的语义编码能力。但是,与 CNN 基线方法类似,RoBERTa 基线方法同样未考虑更长的对话历史。

8.RoBERTa sc – LSTM

RoBERTa sc – LSTM 是 sc – LSTM 模型的变体,它使用基于 RoBERTa 的特征而非 GloVe 特征。

9.RoBERTa DialogueRNN

RoBERTa DialogueRNN 是 DialogueRNN 的变体,它使用基于 RoBERTa 的特征而非 GloVe 特征。

10.COMET

COMET 是指仅使用从常识知识生成模型。COMET 中生成的对话相关的常识知识作为输入,用来进行对话情绪预测。此基线方法并没有使用话语信息作为输入,仅用来辅助验证外部常识知识对对话情绪预测任务的影响。

11.COSMIC

COSMIC 是对话情绪识别任务中最先进的模型之一,它结合了不同类型的常识知识。COSMIC 采用类似于 DialogueRNN 的循环神经网络结构,并使用基于 RoBERTa 的特征。对于多轮对话情绪预测任务而言,COSMIC 模型未考虑未来时刻对话者与对话历史状态间的交互信息。

2.6　本 章 小 结

本章详细介绍了多轮对话情绪预测任务,并给出了多轮对话情绪预测任务的形式化定义。为了进一步验证本书提出的多轮对话情绪预测模型的有效性,本章还详细介绍了用于多轮对话情绪预测任务的 5 个公开多轮对话数据集,以及 11 种多轮对话情绪预测的基线方法。

第3章 基于情绪传播特性的交互式双状态情绪细胞模型

3.1 引　言

多轮对话情绪预测旨在根据对话历史信息预测出对话者在未来时刻可能会出现的情绪状态。由于未来时刻对话者的话语信息并不可用,相较于对话情绪识别任务,对话情绪预测任务更具挑战性。在多轮对话数据中,对话者情绪状态的判断需要依赖于上下文语境,语境不同,话语所表达的情绪也不相同。此外,对话者的情绪一方面可能受到自身心情等因素的持续影响而长期保持不变,另一方面也可能受到其他对话者的影响而改变自身情绪。因此,需要将上下文依赖性、持续性和感染性这3种情绪传播特性融合到多轮对话情绪预测模型中。

1.上下文依赖性

多轮对话的情绪分析依赖于上下文。表3.1为情绪上下文依赖性示例。其中,"何时何地?（When and where?）""那天见。(See you that day.)"以及"再见。(See you.)"等话语单独看不具有明显的情绪类别,但是结合上下文语境,标注人员将其情绪类别标注为"快乐(happiness)"。由此可见,多轮对话情绪分析应当充分利用上下文信息,以正确预测对话者的情绪状态。

2.持续性

多轮对话中的情绪状态是连续的,即对话者的情绪可能会持续受到自身心情及历史情绪的影响,本书将其称为情绪的持续性。表3.2为情绪持续性示例。其中,对话者 B 在对话过程中的情绪始终为"厌恶(disgust)",那么在未来时刻对话者 B 的情绪很可能与历史情绪状态保持一致,依然持续为"厌恶(disgust)"。

3.感染性

多轮对话中,通常涉及两个或两个以上的对话者,而多个对话者之间情绪是相互影响和相互感染的,本书称之为情绪的感染性。表 3.3 为情绪感染性示例。其中,对话者 A 在对话开始时没有表现出情绪,但随着对话的进行,其随后被对话者 B 感染为"快乐(happiness)"。

表 3.1   情绪上下文依赖性示例

对话者	上下文依赖性(context dependence)	情绪(emotion)
A	安,下周一你有时间吗? Ann, do you have time next Monday?	无情绪 (no emotion)
B	是的,怎么了? Yeah, what's up?	无情绪 (no emotion)
A	下周一是我的生日,我希望你能参加我的聚会。 Next Monday is my birthday, and I would like you to attend my party.	快乐 (happiness)
B	哇! 我很乐意。 Wow! I'd love to.	快乐 (happiness)
A	太棒了! Great!	快乐 (happiness)
B	何时何地? When and where?	快乐 (happiness) *
A	那天下午五点,在我那里,你知道吗? Five o'clock that afternoon, and in my place, you know?	快乐 (happiness)
B	是的,我知道。我感谢你的邀请。 Yes, I know. I appreciate your invitation.	快乐 (happiness)
A	我要邀请其他人。那天见。 I am going to invite other guys. See you that day.	快乐 (happiness) *
B	再见。 See you.	快乐 (happiness) *

注: * 标记的句子,单独看不具有明显的情绪类别,但结合上下文语境会表现出特定的情绪类别,这种现象证明了多轮对话的情绪分析存在上下文依赖性。

表 3.2　情绪持续性示例

对话者	持续性(persistence)	情绪(emotion)
A	昨晚的电影怎么样? How was the movie last night?	无情绪 (no emotion)
B	我不是很喜欢它。 I didn't really like it.	厌恶 (disgust)
A	玛丽说她对摄影很满意。 Mary said that she was really pleased with the photography.	无情绪 (no emotion)
B	我觉得很失望。 I found it very disappointing.	厌恶 (disgust)
A	她也喜欢表演,因为那是她想看到的。 She liked the acting, too, because that's what she wanted to see.	无情绪 (no emotion)
B	我对此并不满意。 I wasn't happy with it.	厌恶 (disgust)
A	没有什么能让你满意。 Nothing is to your satisfaction.	无情绪 (no emotion)

表 3.3　情绪感染性示例

对话者	感染性(contagiousness)	情绪(emotion)
A	你看过这篇新闻文章吗? 显然,一个组织已经列出了世界新七大奇迹的名单,人们可以在网上投票支持它们。 Have you seen this news article? Apparently an organization has made a list to name the new seven wonders of the world and people could vote for them online.	无情绪 (no emotion)
B	哇,真有趣。那么谁赢了呢? Wow, that's really interesting. So who won?	快乐 (happiness)
A	中国的长城,印度的泰姬陵。 Well, the Great Wall of China, the Taj Mahal in India.	无情绪 (no emotion)

续表3.3

对话者	感染性(contagiousness)	情绪 (emotion)
B	我去过那里！这真的是一件令人惊叹的建筑和艺术作品。整个建筑群由白色大理石制成,在陵墓内部,墙壁上覆盖着宝石和祖母绿！ I've been there! It really is an amazing work of architecture and art. The entire complex is made of white marble and in the interior of the tomb, the walls are covered with gems and emeralds!	快乐 (happiness)
A	酷！获奖者还包括约旦的佩特拉、秘鲁的马丘比丘和墨西哥奇琴伊察的金字塔。 Cool! Also amongst the winners is Petra, in Jordan, Machu Picchu in Peru and the pyramid in Chichenitza in Mexico.	快乐 (happiness)
B	等一下！它还说,罗马斗兽场是奇迹。我很想去意大利看斗兽场,像个角斗士一样站在中间！ Wait a minute! It also says that the Colosseum in Rome is the wonder. I would love to go to Italy and see the Colosseum, stand in the middle like a gladiator!	快乐 (happiness)
A	好吧,让我们看看是否能找到一些便宜的机票,我们可以在年底前出发。 Well, let's see if we can find some cheap airfare, and we can go towards the end of the year.	快乐 (happiness)
B	好主意！ Good idea!	快乐 (happiness)

 针对上述多轮对话中的情绪传播特点,本章提出了一种基于情绪传播特性的交互式双状态情绪细胞模型(interactive double states emotion cell model, IDS - ECM),用于多轮对话情绪预测任务,并在 2 个人工标注的多轮对话数据集上进行实验,验证了所提出的模型在宏平均 F_1 评价指标上优于基线方法。同时,实验结果也表明了所提出模型可以有效模拟多轮对话过程中对话者的情绪变化,从而提升模型对未来时刻对话者情绪状态的预测能力。

3.2　交互式双状态情绪细胞模型

本节以 2 个对话者之间的多轮对话为例进行分析。假设对话 D 在 2 个对话者 A 和 B 之间交替进行,其中,A 是对话的发起者,B 是对话的应答者。对话 D 是由 M 轮话语组成,$D = [U_1^A, U_2^B, U_3^A, \cdots, U_m^{A/B}, \cdots, U_M^{A/B}]$,其中,话语 $U_m^{A/B}$ 是由对话者 A 或 B 在 m 时刻所说的话语,$U_m^{A/B}$ 是由 N_m 个词组成的序列,即 $U_m^{A/B} = (w_{m,1}^{A/B}, w_{m,2}^{A/B}, \cdots, w_{m,N_m}^{A/B})$。$E_D = (E_1^A, E_2^B, E_3^A, \cdots, E_m^{A/B}, \cdots, E_M^{A/B})$ 分别为第 1,2,3,$\cdots$,m,$\cdots$,M 时刻所对应的对话者 A 或 B 的情绪。将对话情绪预测任务形式化描述为,根据前 m 时刻的话语历史以及相应的对话者信息,预测出对话者 A 或 B 在下一时刻,即第 $m + 1$ 时刻可能产生的情绪 $E_{m+1}^{B/A}$,即建模概率 $P(E_{m+1}^{B/A} \mid U_1^A, U_2^B, \cdots, U_m^{A/B})$,其中,$m = 1,2,\cdots,M$。多轮对话情绪预测任务可以形式化表示为建模以下概率:

$$(E_2^B, E_3^A, \cdots, E_{M+1}^{B/A}) \sim P(E_2^B, E_3^A, \cdots, E_{M+1}^{B/A}) =$$
$$P(E_2^B \mid U_1^A) P(E_3^A \mid U_1^A, U_2^B) \cdots P(E_{M+1}^{B/A} \mid U_1^A, U_2^B, \cdots, U_M^{A/B}) =$$
$$\prod_{m=1}^M P(E_{m+1}^{B/A} \mid U_{\leq m}^{A/B}) \tag{3.1}$$

其中,$U_{\leq m}^{A/B}$ 为前 m 轮对话历史,$U_{\leq m}^{A/B} = U_1^A, U_2^B, \cdots, U_m^{A/B}$。

针对上述多轮对话情绪预测任务,利用多轮对话中情绪的 3 个传播特性:上下文依赖性、持续性和感染性,提出了一种基于情绪传播特性的交互式双状态情绪细胞模型,其总体框架如图 3.1 所示。模型由情绪特征抽取层和情绪传播层构成。其中,情绪特征抽取层用于自动抽取话语中的情绪特征;情绪传播层用于建模情绪在对话者之间的交互和传播过程。下面分别对其进行详细讨论。

3.2.1　情绪特征抽取层

为了自动抽取对话历史信息中的情绪特征,本节设计了情绪特征抽取层,它由情绪特征抽取单元(emotion feature extraction unit, EFEU)构成。情绪特征抽取单元如图 3.2(a) 所示。给定一个由 N_m 个词组成的话语 $U_m = (w_{m,1}, w_{m,2}, \cdots, w_{m,n}, \cdots, w_{m,N_m})$,其中,$m$ 代表对话的时间戳,$w_{m,n}$ 代表第 m 轮话语的第 n 个词。首先通过一个双向长短期记忆模型获取每个词 $w_{m,n}$ 的上下文表示

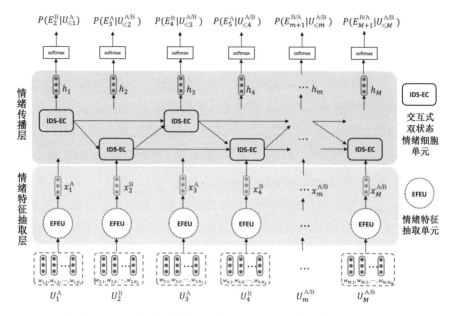

图 3.1　基于情绪传播特性的交互式双状态情绪细胞模型总体框架

$h_{m,n}$。双向长短期记忆模型包含一个前向的长短期记忆模型$\overrightarrow{\text{LSTM}}$,它从词 $w_{m,1}$ 到词 w_{m,N_m} 正向地读取话语 U_m;还包含一个反向的长短期记忆模型$\overleftarrow{\text{LSTM}}$,它从词 w_{m,N_m} 到词 $w_{m,1}$ 反向地读取话语 U_m。然后,词 $w_{m,n}$ 的上下文表示 $h_{m,n}$ 通过将前向传播获得的隐单元$\overrightarrow{h_{m,n}}$和反向传播获得的隐单元$\overleftarrow{h_{m,n}}$进行拼接得到。整个过程可以形式化表示为

$$\overrightarrow{h_{m,n}} = \overrightarrow{\text{LSTM}}(h_{m,n-1}, w_{m,n}), \quad n \in [1, N_m] \tag{3.2}$$

$$\overleftarrow{h_{m,n}} = \overleftarrow{\text{LSTM}}(h_{m,n-1}, w_{m,n}), \quad n \in [N_m, 1] \tag{3.3}$$

$$h_{m,n} = [\overrightarrow{h_{m,n}}, \overleftarrow{h_{m,n}}] \tag{3.4}$$

其中,$h_{m,n} \in \mathbb{R}^H$,H 为隐层单元向量的维度;LSTM 为长短期记忆网络模型。

通过上述过程可以得到话语 U_m 中每个词 $w_{m,n}$ 的上下文向量表示,在此基础上,获取话语 U_m 的向量表示。话语 U_m 中每个词($w_{m,1}, w_{m,2}, \cdots, w_{m,n}, \cdots, w_{m,N_m}$)对情绪预测的贡献并非相同,提供的情绪信息量也不相同,如"高兴""难过"等带有明显情绪信息的词贡献程度更高。

因此,引入注意力机制自动学习每个词的重要程度,最终得到话语 U_m 的向量表示 x_m:

$$\alpha_{m,n} = \frac{\exp(\boldsymbol{W}_\alpha^T h_{m,n})}{\sum_n \exp(\boldsymbol{W}_\alpha^T h_{m,n})} \tag{3.5}$$

$$x_m = \sum_{n=1}^{N_m} \alpha_{m,n} h_{m,n} \tag{3.6}$$

其中,$\boldsymbol{W}_\alpha$ 为注意力参数矩阵,$\boldsymbol{W}_\alpha \in \mathbb{R}^H$;$x_m$ 为所得到的话语向量表示,$x_m \in \mathbb{R}^H$;H 为隐层单元向量的维度;$\alpha_{m,n}$ 为自动学习到的词 $w_{m,n}$ 的注意力权重。将每个词的向量表示 $h_{m,n}$ 通过注意力权重 $\alpha_{m,n}$ 进行加权相加,最终可以获得对话 D 中第 m 个话语 U_m 的向量表示 x_m。

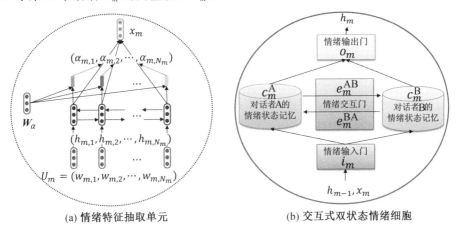

(a) 情绪特征抽取单元   (b) 交互式双状态情绪细胞

图 3.2   情绪特征抽取单元及交互式双状态情绪细胞示意图

3.2.2 情绪传播层

为了模拟情绪在对话中的传播过程,通过刻画情绪传播的 3 个特性:上下文依赖性、持续性和感染性,设计了情绪传播层。情绪传播层将情绪特征抽取层所抽取到的情绪特征作为输入,它的核心组件为交互式双状态情绪细胞(interactive double states emotion cell, IDS - EC),如图 3.2(b) 所示。

交互式双状态情绪细胞是由情绪输入门、2 个情绪状态记忆单元、情绪交互门及情绪输出门构成。其中,情绪输入门用于控制输入信息流入到情绪状态记忆单元中;2 个情绪状态记忆单元分别用于存储 2 个对话者 A 和 B 的情绪状态信息,记录情绪状态的波动和变化过程;情绪交互门用于模拟情绪在 2 个对话者之间的情绪交互;情绪输出门则模拟情绪的表达和释放。下面介绍情绪传播层如何刻画情绪传播的 3 个特点。

（1）上下文依赖性。

多轮对话是一个连续的过程,而情绪在对话中的传播也是一个连续的过程,对话者在未来时刻的情绪状态依赖于历史话语信息。因此,将对话中的所有历史话语信息都作为输入,这样在预测未来时刻的情绪时,可以充分利用对话的历史信息。

（2）持续性。

当多轮对话中涉及 2 个对话者 A 和 B 时,对话过程中不同的对话者可能表现出不同的情绪变化。因此,使用 2 种不同情绪状态的记忆单元 c^A 和 c^B,分别存储对话者 A 和 B 的情绪状态,这样可以使每个情绪状态记忆都尽可能保留自身的历史情绪信息,从而增强了情绪的持续性。

（3）感染性。

多轮对话是对话参与者之间进行信息交互的过程,2 个对话者之间的情绪会相互影响和感染。因此,引入情绪交互门 e_m^{AB} 和 e_m^{BA} 对话者之间情绪的交互和感染建模。

图 3.3 为交互式双状态情绪细胞单元的数据流示意图。交互式双状态情绪细胞单元的信息传播过程如下:

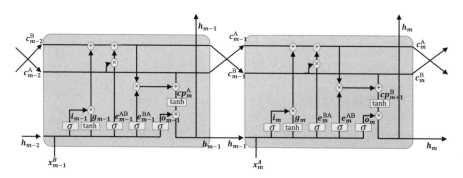

图 3.3　交互式双状态情绪细胞单元的数据流示意图

（1）计算情绪输入门 i_m、情绪输出门 o_m、情绪交互门 e_m^{AB} 和 e_m^{BA}:

$$i_m = \text{sigmoid}(\boldsymbol{W}_{ii}x_m + b_{ii} + \boldsymbol{W}_{hi}h_{m-1} + b_{hi}) \tag{3.7}$$

$$g_m = \tanh(\boldsymbol{W}_{ig}x_m + b_{ig} + \boldsymbol{W}_{hg}h_{m-1} + b_{hg}) \tag{3.8}$$

$$o_m = \text{sigmoid}(\boldsymbol{W}_{io}x_m + b_{io} + \boldsymbol{W}_{ho}h_{m-1} + b_{ho}) \tag{3.9}$$

$$e_m^{AB} = \text{sigmoid}(\boldsymbol{W}_{ie}^{AB}x_m + b_{ie}^{AB} + \boldsymbol{W}_{he}^{AB}h_{m-1} + b_{he}^{AB}) \tag{3.10}$$

$$e_m^{BA} = \text{sigmoid}(\boldsymbol{W}_{ie}^{BA}x_m + b_{ie}^{BA} + \boldsymbol{W}_{he}^{BA}h_{m-1} + b_{he}^{BA}) \tag{3.11}$$

其中，x_m 为第 m 时刻的话语输入特征；h_{m-1} 为上一时刻模型的隐状态；g_m 为变换后的话语信息。e_m^{AB} 为控制 A 对 B 的情绪感染量，e_m^{BA} 为控制 B 对 A 的情绪感染量。W 和 b 为各个门控的权重矩阵和偏置。

（2）通过输入特征和门控来更新情绪状态记忆单元 c_m^A 和 c_m^B。假设在第 m 时刻，话语 U_m 是由对话者 A 所说，由于对话是交替进行，因此下一时刻的应答者为 B，因此，需要预测下一时刻，即第 $m+1$ 时刻，对话者 B 的情绪状态。对话者 A 在 m 时刻的情绪状态记忆 c_m^A 由 A 在前一个时刻的情绪状态记忆 c_{m-1}^A、当前时刻的输入话语信息 $i_m g_m$，以及对话者 B 对 A 的情绪感染量 $e_m^{BA} c_{m-1}^B$ 共同决定。而对话者 B 在 m 时刻则保持其自身上一时刻的情绪状态。计算公式为

$$c_m^A = c_{m-1}^A + i_m g_m + e_m^{BA} c_{m-1}^B \tag{3.12}$$

$$c_m^B = c_{m-1}^B \tag{3.13}$$

其中，c_m^A 和 c_m^B 分别为对话者 A 和 B 在第 m 时刻的情绪状态记忆；c_{m-1}^A 和 c_{m-1}^B 分别为对话者 A 和 B 在上一时刻即第 $m-1$ 时刻的情绪状态记忆。

对于第 $m+1$ 时刻对话者 B 的情绪状态，可以根据当前时刻对话者 B 的情绪状态记忆 c_m^B 以及对话者 A 对 B 的情绪感染量 $e_m^{AB} c_m^A$ 进行预测（第 $m+1$ 时刻对话者 B 的话语信息并不可用）：

$$cp_{m+1}^B = c_m^B + e_m^{AB} c_m^A \tag{3.14}$$

（3）对话者 B 在下一时刻（即第 $m+1$ 时刻）的情绪标签 E_{m+1}^B 可以通过条件概率 $P(E_{m+1}^B \mid U_{\leq m}^{A/B})$ 获得：

$$h_m = o_m \tanh(cp_{m+1}^B) \tag{3.15}$$

$$E_{m+1}^B \sim P(E_{m+1}^B \mid U_{\leq m}^A) = \text{softmax}(W h_m + b) \tag{3.16}$$

可以看出，对话者 A 和 B 的情绪状态记忆 c_m^A 和 c_m^B 在第 m 时刻所存储的情绪信息正确与否直接决定了模型能否正确预测下一时刻对话者 B 的情绪。为了保证 c_m^A 和 c_m^B 中存储的情绪信息的正确性，在训练阶段可以使用当前时刻的情绪标签 E_m^A 和 E_m^B 引导 c_m^A 和 c_m^B 的更新：

$$h_m^A = o_m \tanh c_m^A \tag{3.17}$$

$$E_m^A \sim P(E_m^A \mid U_{\leq m}^{A/B}) = \text{softmax}(W h_m^A + b) \tag{3.18}$$

$$h_m^B = o_m \tanh c_m^B \tag{3.19}$$

$$E_m^B \sim P(E_m^B \mid U_{\leq m}^{A/B}) = \text{softmax}(W h_m^B + b) \tag{3.20}$$

3.2.3 损失函数

在多轮文本对话情绪预测任务中,目标函数 $O(\Theta)$ 由两部分组成。其中,第一部分为 $P(E_m^{A/B} \mid U_{\leq m}^{A/B})$,用于指导对话者 A/B 的情绪状态记忆单元存储正确的情绪信息;第二部分为 $P(E_{m+1}^{B/A} \mid U_{\leq m}^{A/B})$,用于指导模型正确的预测第 $m+1$ 时刻对话者 B/A 的情绪标签。目标函数 $O(\Theta)$ 形式化定义为

$$O(\Theta) = \prod_{m=1}^{M} \{ P(E_m^{A/B} \mid U_{\leq m}^{A/B}) + P(E_{m+1}^{B/A} \mid U_{\leq m}^{A/B}) \} \tag{3.21}$$

我们使用交叉熵损失函数 $L(\Theta)$ 来近似以上目标函数:

$$L(\Theta) = \frac{1}{M} \sum_{m=1}^{M} \{ H(p_m, q_m) + H(p_{m+1}, q_{m+1}) \}$$

$$= \frac{1}{M} \sum_{m=1}^{M} \left\{ - \sum_{k=1}^{K} p_m(k) \log q_m(k) - \sum_{k=1}^{K} p_{m+1}(k) \log q_{m+1}(k) \right\} \tag{3.22}$$

其中,p 为真实的情绪概率分布;q 为模型预测的情绪概率分布;K 为情绪标签的维度。训练优化的目标为最小化真实概率分布和预测概率分布之间的交叉熵。

3.3 实　　验

本书使用了 DailyDialog 和 Semeval19Emocon 2 个对话数据集验证所提出的交互式双状态情绪细胞模型的有效性。关于这 2 个对话数据集的详细介绍请参考第 2 章。本节将详细介绍实验的设置及实验的评价指标,并介绍我们所提模型的变体。最后,着重介绍实验结果,并从多个方面对模型进行分析。此外,还列举一些样例以及注意力权重展示。

3.3.1 实验设置

模型的实现基于 PyTorch 框架①。首先,对长度超过 50 个单词的句子进行剪枝。剪枝后,语料库中 99% 的单词仍然被保留(DailyDialog 为 99.02%,Semeval19Emocon 为 99.94%)。 词典大小为 50 000 个单词。 还使用了 DeepMoji 初始化词的向量表示,它是在数百万条包含 emoji 表情符号的推文上

---

① https://pytorch.org/

进行预训练所得到的词向量,词向量维度为 256。在情绪特征抽取层,使用了一个带有 Attention 机制的单层双向 LSTM 模型。其中,Attention 向量和 LSTM 隐层向量的大小为 512,情绪传播层中隐层向量的大小也为 512,暂退率设置为 0.2,学习率设置为 0.001。使用交叉熵作为模型的优化目标函数,优化算法为 Adam。批量大小设置为 128,训练轮数设置为 100。

3.3.2　评价指标

评价指标使用的是宏平均准确率、宏平均召回率和宏平均 F_1 值:

$$\text{Macro } F = \frac{1}{n} \sum_{i=1}^{n} F_i \tag{3.23}$$

其中,n 为类别总数;F_i 为第 i 类的 F_1 值。

3.3.3　模型变体

下面介绍本节所提模型的变体,以及为了验证各个模型组件有效性的消融实验设置。

(1)IDS - ECM:交互式双状态情绪细胞模型(IDS - ECM)是本节提出的标准模型。

(2) - Guide:在公式(3.17) ~ (3.22)中,为了保证情绪状态记忆单元正确存储了当前时刻对话者的情绪,我们使用一种类似于多任务学习的方法,利用当前时刻的情绪标签指导下一时刻对话者情绪的预测。在消融实验中,为了验证其效果,移除了指导部分的目标函数,即公式(3.21)的前半部分,只保留预测任务的目标函数,记为 - Guide。

(3) + ForgetGate:与传统的 LSTM 单元相比,交互式双状态情绪细胞单元(IDS - EC)中并没有设置遗忘门。这是因为存储在情绪状态记忆单元中的历史情绪状态有助于预测未来时刻对话者的情绪状态。为了防止有用的历史情绪信息被错误过滤,在模型中并未设置情绪遗忘门组件。在消融实验中,研究了加入情绪遗忘门后模型结果的变化情况,记为 + ForgetGate。

3.3.4　实验结果及分析

为了了解数据集中情绪的传播情况,分析了情绪的持续性和情绪的感染性在数据集中出现的比例,并定义了数据集中情绪的直接持续率和直接感染率。

直接持续率是指若对话者在当前时刻的情绪和其在下一时刻的情绪保持一致，则计作一次情绪持续，否则不计。直接感染率是指若对话者 A 在当前时刻的情绪与对话者 B 在下一时刻的情绪一致，则称对话者 A 的情绪感染了对话者 B，计作一次情绪感染，否则不计。表 3.4 统计了 DailyDialog 数据集中的情绪持续率和情绪感染率。

表 3.4　DailyDialog 数据集中的情绪持续率和情绪感染率统计

情绪类别	情绪持续率 /%	情绪感染率 /%
愤怒（anger）	53.44	12.47
厌恶（disgust）	42.68	13.91
恐惧（fear）	40.50	3.18
快乐（happiness）	59.39	63.37
悲伤（sadness）	34.63	6.65
惊讶（surprise）	10.62	3.64

从表 3.4 中可以看到，情绪类别"快乐（happiness）"的感染率（63.37%）显著高于那些负面情绪类别，如"愤怒（anger）"（12.47%）、"厌恶（disgust）"（13.91%）、"恐惧（fear）"（3.18%）以及"悲伤（sadness）"（6.65%）等。这表明积极情绪，如高兴等，比消极情绪更具感染性。此外，消极情绪"愤怒（anger）""厌恶（disgust）""恐惧（fear）"以及"悲伤（sadness）"的持续率（53.44%、42.68%、40.50%、34.63%）显著高于其自身的感染率（12.47%、13.91%、3.18%、6.65%），这表明消极情绪具有较强的持续性和较弱的感染性。情绪类别"惊讶（surprise）"的持续率和感染率都较低（10.62%、3.64%），这表明情绪类别"惊讶（surprise）"的传播更加复杂和无规律。这些对话中不同情绪类别之间的传播差异现象将为相关研究和应用带来启示。

表 3.5 和表 3.6 分别展示了模型在 DailyDialog 和 Semeval19Emocon 数据集的实验结果。在实验中，模型更新迭代了 100 轮，由于各个轮次之间的结果存在波动，使用了第 70 轮到第 100 轮之间结果的平均值，目的是衡量不同模型在收敛后的稳健性。从表中可以看到，本节提出的交互式双状态情绪细胞模型在宏平均 F_1 评价指标上优于基线模型。这是因为交互式双状态情绪细胞模型考虑了多轮对话中情绪的 3 个传播特性（上下文依赖性、持续性和感染性），而基

线模型未考虑这些特性。

表 3.5 模型在 DailyDialog 数据集的实验结果

模型	精确度 （Precision）/%	召回率 （Recall）/%	宏平均 F_1 值 （Macro $-F_1$）/%
CNN	50.54 ± 2.15	31.45 ± 0.72	36.38 ± 0.84
LSTM	39.80 ± 1.37	30.83 ± 0.76	33.75 ± 0.78
LSTM + Attn	47.99 ± 2.61	32.26 ± 0.83	36.58 ± 1.12
ECM	48.04 ± 2.61	32.87 ± 1.10	37.00 ± 1.46
IDS − ECM	**54.72 ± 2.02** *	33.60 ± 1.16 *	**38.85 ± 1.43** *
− Guide	50.42 ± 2.74	32.66 ± 1.04	37.18 ± 1.33
+ ForgetGate	50.93 ± 2.21	**33.64 ± 1.05**	38.28 ± 1.26

注：* 标记的数据表示在同类模型比较中表现最优的结果。

表 3.6 模型在 Semeval19Emocon 数据集的实验结果

模型	精确度 （Precision）/%	召回率 （Recall）/%	宏平均 F_1 值 （Macro $-F_1$）/%
CNN	29.94 ± 0.31	35.25 ± 0.48	30.04 ± 0.55
LSTM	29.54 ± 0.20	35.09 ± 0.38	29.10 ± 0.32
LSTM + Attn	30.34 ± 0.20	36.48 ± 0.50	30.50 ± 0.29
ECM	33.75 ± 0.34	43.98 ± 0.66	35.13 ± 0.48
IDS − ECM	**34.48 ± 0.31** *	**44.82 ± 0.54** *	**36.23 ± 0.44** *
− Guide	33.79 ± 0.38	43.61 ± 0.53	35.23 ± 0.58
+ ForgetGate	34.00 ± 0.24	43.84 ± 0.43	35.61 ± 0.35

注：* 标记的数据表示在同类模型比较中表现最优的结果。

此外，本节还将交互式双状态情绪细胞模型的结果与基线模型进行了双尾配对 t 检验（two-tailed paired t-test，$P < 0.05$），星号 * 代表具有统计意义上的显著性。结果表明，交互式双状态情绪细胞模型的结果相较于基线方法具有显著的提升。这是因为交互式双状态情绪细胞模型使用交互式双状态情绪记忆单元分别存储对话者 A 和 B 的情绪状态，并且利用情绪交互门模拟情绪的交互过程，更加适合多轮对话情绪预测任务。

本节还进行了消融实验，以检验不同模块对模型结果的影响，包括去除历史情绪标签指导模块和增加情绪遗忘门。从表 3.5 和表 3.6 中可以看出，

－Guide 模型去除了历史情绪标签的指导后结果降低,这说明历史的情绪标签对对话者情绪状态的更新起到了引导作用,有助于准确地预测未来时刻对话者情绪状态。此外,加入情绪遗忘门后,＋ForgetGate 模型的结果略低于交互式双状态情绪细胞模型,说明情绪遗忘门可能在对话情绪传播过程中过滤掉一些有用的情绪信息。本节提出的交互式双状态情绪细胞模型去除了情绪遗忘门,可以充分保留短文本对话中有用的情绪信息。

为了进一步分析数据中情绪类别间的差异,表 3.7 和表 3.8 统计了模型在各个情绪类别上的表现。从表中可以看出,在大多数类别上,交互式双状态情绪细胞模型取得了最优结果。此外,数据的不平衡现象对结果的影响是显著的。模型在训练样例较多的类别上的性能显著优于训练样例较少的类别,如在"无情绪(no emotion)""快乐(happiness)"和"其他(others)"上的结果显著优于其他类别。对话数据中情绪类别的不平衡性在一定程度上影响了模型在多轮对话情绪预测任务上的性能。

表 3.7　模型在 DailyDialog 数据集上各个情绪类别的实验结果

模型	无情绪 (no emotion)	愤怒 (anger)	厌恶 (disgust)	恐惧 (fear)	快乐 (happiness)	悲伤 (sadness)	惊讶 (surprise)
CNN	**79.16** ± **0.59**	41.51 ± 1.36	29.8 ± 1.23	17.68 ± 5.38	45.23 ± 1.11	18.97 ± 0.96	22.29 ± 1.19
LSTM	78.16 ± 0.30	35.67 ± 1.29	26.21 ± 1.13	15.35 ± 4.36	44.95 ± 0.61	17.12 ± 1.50	18.83 ± 1.19
LSTM + Attn	78.83 ± 0.37	39.61 ± 1.23	31.52 ± 1.83	17.73 ± 5.92	46.22 ± 0.67	20.00 ± 1.44	22.17 ± 1.04
ECM	78.80 ± 0.44	42.57 ± 1.50	27.06 ± 1.31	24.72 ± 8.92	46.97 ± 0.64	16.18 ± 1.39	22.73 ± 1.21
IDS－ECM	79.12 ± 0.48[*]	**42.71** ± **1.41**	**34.12** ± **2.94**[*]	23.89 ± 8.65	46.82 ± 0.71	20.53 ± 1.48[*]	24.73 ± 1.18[*]
－Guide	78.70 ± 0.53	38.75 ± 2.03	28.73 ± 1.43	**25.38** ± **8.61**	**47.40** ± **0.69**	17.39 ± 1.19	23.91 ± 1.03
＋ForgetGate	79.01 ± 0.55	40.53 ± 1.87	29.76 ± 1.14	22.63 ± 8.15	46.84 ± 0.53	**20.68** ± **1.44**	**28.55** ± **1.43**

注：＊标记的数据表示在同类模型比较中表现最优的结果。

表 3.8　模型在 Semeval19Emocon 数据集上各个情绪类别的实验结果

模型	其他 (others)	愤怒 (anger)	悲伤 (sad)	快乐 (happy)
CNN	75.82 ± 1.47	14.45 ± 0.56	13.77 ± 0.51	16.13 ± 0.57
LSTM	73.24 ± 0.79	13.44 ± 0.52	13.02 ± 0.43	16.72 ± 0.67
LSTM + Attn	75.18 ± 0.62	16.11 ± 0.78	13.72 ± 0.67	16.98 ± 0.67

续表3.8

模型	其他 （others）	愤怒 （anger）	悲伤 （sad）	快乐 （happy）
ECM	76.94 ± 0.75	23.24 ± 0.74	19.89 ± 0.84	20.44 ± 0.79
IDS – ECM	**78.27 ± 0.75***	23.06 ± 0.81	**22.10 ± 0.76***	**21.50 ± 0.93***
– Guide	77.58 ± 0.98	**23.26 ± 0.76**	19.69 ± 0.89	20.40 ± 0.66
+ ForgetGate	78.09 ± 0.67	21.98 ± 0.82	21.94 ± 0.70	20.42 ± 0.84

注：* 标记的数据表示在同类模型比较中表现最优的结果。

3.3.5 样例分析及注意权重可视化

为了验证情绪特征抽取层的有效性，从测试集中选取了一些样例，并在图
3.4 和图 3.5 中展示了模型自动抽取的特征注意力权重。从图中的样例可以看
出，情绪特征抽取层可以有效地抽取对话中有用的情绪信息，而无须人工特征
工程。例如，在情绪类别"快乐（happiness）"下的单词"glad"和"terrific"等、
"恐惧（fear）"下的单词"afraid"和"worried"等，相较于对话中的其他词，这些
带有明显情绪信息的词被模型赋予了更高的注意力权重。值得注意的是，模型
还可以捕获一些带有强烈情绪含义的非正式化表达，例如网络流行用语
"：)""LOL"和"WTF"等也被赋予了更高的注意力权重。

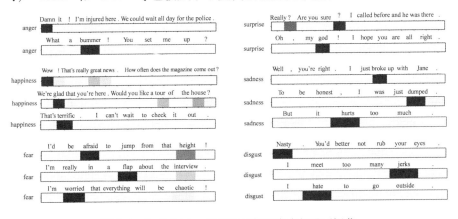

图 3.4 DailyDialog 数据集样例注意力权重可视化

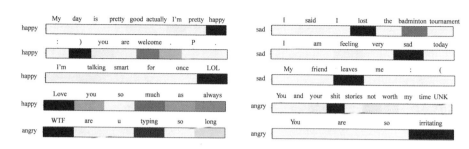

图 3.5　Semeval19Emocon 数据集样例注意力权重可视化

3.4　本章小结

　　由于缺乏未来时刻的话语信息,预测未来时刻对话者的情绪,要求模型能够充分利用对话历史信息,并挖掘情绪在对话中的传播特性。情绪在多轮对话过程中的传播具有3种特性:上下文依赖性、持续性和感染性。为了将这3种特性融入多轮对话情绪预测方法中,提出了一种基于情绪传播特性的交互式双状态情绪细胞模型。该模型能够通过情绪输入门、双状态情绪记忆单元、情绪交互门和情绪输出门等模块来模拟对话过程中对话者的情绪状态变化,并刻画了情绪传播的上下文依赖性、持续性和感染性。在2个人工标注的多轮对话数据集上进行了实验。实验结果表明,交互式双状态情绪细胞模型在多轮对话情绪预测任务上优于基线方法。此外,实验结果还揭示了在日常对话交流中积极情绪与消极情绪的传播差异:积极情绪比消极情绪更具感染性。这一结论为情绪相关研究带来重要的启示。

第4章　基于多源信息融合的
对话者感知模型

4.1　引　言

多轮对话情绪预测任务不仅需要模型挖掘短期的对话历史信息,还要保留长期的对话历史信息。并且,对话者的身份信息也是对话情绪预测任务中的关键因素。此外,对话相关的外部常识知识也可以提升模型的情绪预测能力。如何将上述多种来源的对话情绪信息融入情绪预测模型中是多轮对话情绪预测任务亟待解决的问题。

1.长短期对话历史信息

对话者未来时刻的情绪,需要根据对话历史信息来进行判断和预测。在多轮对话中进行情绪预测,重点在于如何充分挖掘多轮对话中短期和长期的历史信息。一方面,距离当前时刻越近的历史话语对预测未来时刻对话者情绪的作用越大;另一方面,远距离的话语信息也对预测未来时刻对话者的情绪起着关键作用(例如,对话者在对话初始状态的情绪一定程度上反映了此对话者的心情,是情绪预测的重要证据)。因此,模型不仅需要挖掘短期的对话历史信息,还要保留长期的对话历史信息。

2.对话参与者身份信息

对话情绪预测任务是研究多人参与的多轮对话中对话者的情绪状态,因此,对话参与者的身份信息也对话情绪预测任务至关重要。不同对话者在对话过程中表现的情绪状态不同,情绪变化也不相同。要正确预测对话者未来时刻的情绪状态,就必须将对话者的身份信息及对话者之间的交互信息融入情绪预测模型中。如图4.1中的对话示例,若预测对话者 Person Y 在下一时刻的情绪状态,就必须将对话者 Person Y 及 Person X 的身份信息考虑在内。例如,对话者 Person Y 说"我的车发生故障了。（My car has broken down.）"，那么，在未来很长一段时间内 Person Y 的情绪很有可能都是"悲伤（sad）"。而对话者 Person X 说"你想搭我的便车回家吗？（Would you like a lift home？）"，那么，Person Y 的情绪则很有可能变为"快乐（happy）"，因为 Person X 对 Person Y 提供了帮助。因此，必须将对话参与者的身份信息融入模型中，才能更好地完成多轮对话情绪预测任务。

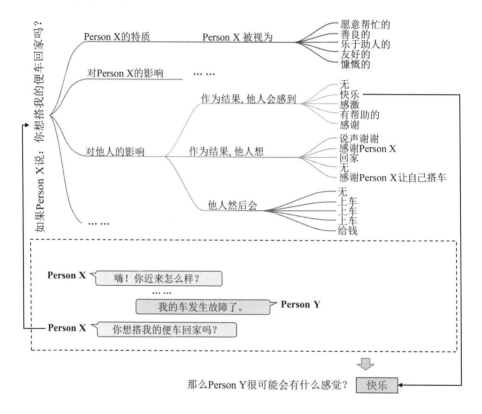

图 4.1   多轮对话情绪预测示例

3.外部常识知识信息

近年来，自然语言推理已经取得了实质性进展，而情绪预测尚未得到充分研究。对话情绪预测任务根据多轮对话历史提供的线索，对未来时刻对话者的情绪状态进行预测，这就要求对话情绪预测模型具备一定的常识推理能力。对于人类而言，在对话中感知和预测他人的情绪可能并不困难。然而，对于机器而言，使其具备常识推理能力仍是一个巨大的挑战，主要原因之一就是机器缺乏常识知识的积累。人类可以根据日常生活中积累的常识知识对未知事物进行推理和判断;而对于机器而言,若训练数据集中未找到与测试样本具有相同分布和属性的样本,则很难对测试样本做出正确的预测。因此,要完成多轮对话情绪预测任务,需要融入外部常识知识以增强模型的常识推理能力。

　　针对长短期对话历史信息融入问题,将基于序列结构和基于图结构的对话建模方法相结合。其中,基于序列结构的对话建模方法将多轮对话当作一个话语序列,话语信息从对话的初始状态到对话的当前时刻有序地进行累积。那么,距离当前时刻越近的话语信息被保留的可能性越大,而远距离的话语信息则可能在信息传播的过程中遗失。因此,提出使用基于序列结构的对话建模方法融入对话历史的短期信息。基于图结构的对话建模方法是将多轮对话中的每个轮次当作有向图中的一个节点,节点与节点之间通过边相连,对话信息通过边在节点之间进行传播。在图结构中,节点之间的距离信息被忽略,这样即使是远距离的节点信息也可以被有效保留。因此,提出使用基于图结构的对话建模方法融入对话历史的长期信息。将基于序列结构和基于图结构的对话建模方法相结合,充分挖掘了对话历史信息中的短期和长期信息,从而有效地对对话者的情绪进行预测。

　　针对对话参与者身份信息融入问题,提出了对话者感知模块。具体而言,根据对话历史中每个话语信息是否由下一时刻的对话者所说,将历史话语信息分为"存储"和"影响"2 类。若此历史话语是由下一时刻的对话者所说,那么将此历史话语的类型定义为"存储",使模型尽可能地存储此历史话语信息;若此历史话语是由其他人所说,那么将此历史话语的类型定义为"影响",使模型根据此话语的感染力程度来决定是否保留此话语信息。根据历史话语信息类型的不同,使用了不同的模型参数对其分别进行建模,用于捕捉对话中情绪状态的传播,自动学习未来时刻对话者是保持自身历史情绪状态还是受他人情绪的影响。

　　针对外部常识知识信息融入问题,提出了使用常识知识融合模块来融入外部常识知识。近年来,已有相关研究将常识知识应用于对话系统并提升了系统性能。使用 COMET 模型生成与对话相关的常识知识,并利用这些知识增强多轮对话情绪预测任务。图 4.1 展示了一个利用 COMET 常识知识来帮助多轮对话情绪预测的例子。从图 4.1 中可以看出,外部常识知识包含对情绪预测有用的信息,利用这些外部常识知识可以有效提升模型的情绪预测能力。

　　本章研究的主要贡献如下:

（1）提出了将基于序列结构和图结构的对话建模方法相结合,用于同时捕获对话中的短期和长期历史信息。

（2）提出了对话者感知模块,用于融入对话参与者的身份信息。

（3）提出了使用外部常识知识信息来增强多轮对话情绪预测任务。

（4）在 3 个基准多轮对话数据集上进行了实验,结果表明,我们提出的模型在加权宏平均 F_1 指标上取得了最优的水平。

4.2　对话者感知模型

给定一个多人参与的多轮对话历史 D,其中,对话历史 D 是由 m 轮话语组成的,$D = [U_1, U_2, \cdots, U_t, \cdots, U_m]$,其中 U_t 是 t 时刻的话语,由 N 个词组成,即 $U_t = (w_1^t, w_2^t, \cdots, w_N^t)$;$m$ 是给定的整个对话历史的最后一轮。对话历史 D 中每一轮次的对话参与者信息记为 $[p_1, p_2, \cdots, p_t, \cdots, p_m]$,其中,$p_t$ 是轮次 t 的参与者;U_t 是对话者 p_t 在 t 时刻所说的话语;p_{m+1}^a 是下一轮即第 $m+1$ 轮的参与者。在 $m+1$ 时刻,参与者 p_{m+1}^a 收到上一轮对话者 p_m 所写的消息 U_m,并将对此做出回复。此时,下一时刻对话者将要做出怎样的回复我们并不知道。此外,将对话相关的外部常识知识记为 K。

将多人参与的多轮文本对话情绪预测任务形式化定义为:根据前 m 轮对话的话语信息 $[U_1, U_2, \cdots, U_t, \cdots, U_m]$,前 m 轮相应轮次的参与者身份信息 $[p_1, p_2, \cdots, p_t, \cdots, p_m]$,下一轮对话（第 $m+1$ 轮）的参与者身份信息 p_{m+1}^a,以及外部常识知识 K,在还未知下一轮对话话语信息的前提下,预测对话者 p_{m+1}^a 在下一轮可能会出现的情绪状态 E_{m+1}^a,即根据整个对话历史、对话参与者身份信息以及常识知识来预测对话者 p_{m+1}^a 在下一时刻（第 $m+1$ 时刻）可能会表现出的情绪反应:

$$E_{m+1}^a \sim P(E_{m+1}^a \mid (U_1, p_1), (U_2, p_2), \cdots, (U_t, p_t), \cdots, (U_m, p_m), p_{m+1}^a, K)$$

$$(4.1)$$

将长短期对话历史信息、对话参与者身份信息以及外部常识知识信息等多种来源的信息进行融合,提出了一种基于多源信息融合的对话者感知模型,其总体架构如图 4.2 所示。

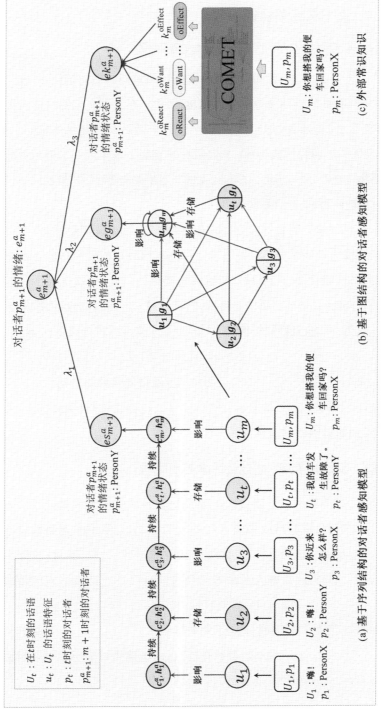

图 4.2　基于多源信息融合的对话者感知模型总体框架

4.2.1 上下文无关特征抽取

使用 CNN 编码器和 RoBERTa 编码器对数据集中的每个话语 U_t 进行编码。在 CNN 编码器中,使用 300 维的预训练 GloVe 词向量初始化嵌入层,卷积核的大小为 3、4 和 5,输出通道的特征维度为 50。在上下文无关的话语级情绪标签识别任务上训练CNN编码器,用于学习每个话语 U_t 的情绪表征 u_t。其中,学习率为 0.000 1,训练轮数为 60,并保留在开发集上效果最好的模型参数。最后,将数据集中的所有句子输入到训练好的 CNN 编码器中,以获取每个句子的特征向量。其中,特征向量维度为 100。

在 RoBERTa 编码器中,使用 RoBERTa Large 架构(24 层隐层,16 个自注意力头,隐层维度为 1 024,共 355 M 参数),并使用 RoBERTa 模型原文所提供的预训练参数来初始化模型。与 CNN 编码器类似,在与上下文无关的话语级情绪标签识别任务上微调 RoBERTa 模型,然后从模型的最后一层提取特征。其中,微调次数为 30,输出特征维度为 1 024。上述编码过程可以表示为

$$u_1, u_2, \cdots, u_t, \cdots, u_m = \text{CNN/RoBERTa}(U_1, U_2, \cdots, U_t, \cdots, U_m) \quad (4.2)$$

其中,$(U_1, U_2, \cdots, U_t, \cdots, U_m)$ 是对话历史;U_t 是第 t 时刻的话语,由 N 个词组成,即 $U_t = (w_1, w_2, \cdots, w_N)$;$u_1, u_2, \cdots, u_t, \cdots, u_m$ 是由 CNN/RoBERTa 编码器编码后所得到的话语向量表示。

4.2.2 基于序列结构的对话者感知模型

由于多轮对话是由话语组成的序列,因此,首先提出了一种基于序列结构的对话者感知模型,模型结构如图 4.2(a) 所示。模型使用序列结构对多轮对话中的话语信息进行建模,保留了多轮对话中的序列信息。并且,模型还使用了一个对话者感知模块来融入对话者的身份信息以及对话者之间的情绪交互信息。

LSTM 模型已在多种序列分类任务中显示出其有效性。本书提出了一种基于 LSTM 单元的序列结构对话者感知模型,用于建模对话历史以及对话者身份信息。一个 LSTM 单元可以表示为

$$i_t = \text{sigmoid}(\boldsymbol{W}_{ii}x_t + b_{ii} + \boldsymbol{W}_{hi}h_{t-1} + b_{hi}) \quad (4.3)$$

$$f_t = \text{sigmoid}(\boldsymbol{W}_{if}x_t + b_{if} + \boldsymbol{W}_{hf}h_{t-1} + b_{hf}) \qquad (4.4)$$

$$g_t = \tanh(\boldsymbol{W}_{ig}x_t + b_{ig} + \boldsymbol{W}_{hg}h_{t-1} + b_{hg}) \qquad (4.5)$$

$$o_t = \text{sigmoid}(\boldsymbol{W}_{io}x_t + b_{io} + \boldsymbol{W}_{ho}h_{t-1} + b_{ho}) \qquad (4.6)$$

$$c_t = f_t \odot c_{t-1} + i_t \odot g_t \qquad (4.7)$$

$$h_t = o_t \odot \tanh(c_t) \qquad (4.8)$$

其中,h_t 是 t 时刻的隐层状态;c_t 是 t 时刻的细胞状态;x_t 是 t 时刻的输入;h_{t-1} 是 $t-1$ 时刻的隐层状态,初始隐层状态设置为 0;i_t、f_t、g_t、o_t 分别是输入门、遗忘门、细胞和输出门;$\odot$ 是 Hadamard 乘积;$\boldsymbol{W}$ 和 b 是模型权重矩阵和偏置。

在 t 时刻,输入信息 x_t 和上一时刻的隐层状态 h_{t-1} 以及细胞状态 c_{t-1} 被作为输入馈送到 LSTM 单元,然后新的隐层状态和细胞状态 (h_t, c_t) 通过输入门 i_t、遗忘门 f_t 和输出门 o_t 得到。这个过程可以形式化表示为

$$(h_t, c_t) = \text{LSTM}(x_t, (h_{t-1}, c_{t-1})) \qquad (4.9)$$

在多轮对话过程中,对话者要么保持自身的历史情绪状态,要么受到他人的影响,这两种情况分别对应于情绪的两个传播特性:持续性和感染性。使用 LSTM 单元中的组件来模拟多轮对话中情绪的传播特性。使用细胞状态 c_t^a 和隐层状态 h_t^a 来分别表示在 t 时刻对话者 p_{m+1}^a 的内部情绪状态和表达出来的情绪状态。细胞状态 c_t^a 和隐层状态 h_t^a 会在整个对话过程中跟踪对话者 p_{m+1}^a 的情绪状态。使用输入门 i_t 和遗忘门 f_t 来控制信息流向对话者的内部情绪状态 c_t^a。t 时刻对话者 p_{m+1}^a 表达的情绪状态 h_t^a 则是通过将内部情绪状态 c_t^a 输入到输出门 o_t 得到的。根据每个时间戳的话语 u_t 是否由对话者 p_{m+1}^a 所说,将话语 $[u_1, u_2, \cdots, u_t, \cdots, u_m]$ 分为 2 类,并设计一个对话者感知模块来分别处理这 2 种不同类型的话语信息。具体而言,2 个不同的 LSTM 单元:LSTM_{store} 和 LSTM_{affect} 分别被用于控制不同的情绪信息流:

（1）若第 t 轮的话语 u_t 是由对话者 p_{m+1}^a 所说的,即 $p_t = p_{m+1}^a$,那么 LSTM_{store} 单元将会打开输入门 i_t,并且将话语信息 u_t 尽可能多地存储进对话者 p_{m+1}^a 的内部情绪状态 c_t^a 中。这是因为,话语 u_t 是对话者 p_{m+1}^a 在过去 t 时刻的历史情绪表达,需要将对话者 p_{m+1}^a 的历史情绪存储在内部状态 c_t^a 中,以观察对话者 p_{m+1}^a 的历史情绪状态与其未来情绪状态之间的关系。

（2）若第 t 轮的话语 u_t 是由对话者 p_{m+1}^a 以外的其他人所说，即 $p_t \neq p_{m+1}^a$，那么可以假设，如果话语 u_t 具有强烈的感染力并且会影响对话者 p_{m+1}^a 的情绪，那么 LSTM$_{affect}$ 单元将会打开遗忘门 f_t 忘记对话者 p_{m+1}^a 自身过去的情绪状态 c_{t-1}^a，并用其他参与者的话语信息 u_t 更新其当前的情绪状态 c_t^a。否则，如果话语 u_t 不具备感染力，则 LSTM$_{affect}$ 单元将关闭输入门 i_t，用于屏蔽当前所输入的话语信息 u_t，从而依旧保留对话者 p_{m+1}^a 自身的历史状态。

在整个对话过程中，内部状态 c_t^a 存储了对话者 p_{m+1}^a 在每个时刻 t 的情绪状态，LSTM$_{store}$ 和 LSTM$_{affect}$ 2 个单元分别控制着不同类型的输入信息进入到 c_t^a 中。上述在 LSTM$_{store}$ 和 LSTM$_{affect}$ 中的信息处理过程分别对应于情绪的持续性和感染性。此过程可以形式化表示为

$$
(h_t^a, c_t^a) = \lambda_t^a \cdot \text{LSTM}_{store}(u_t, (h_{t-1}^a, c_{t-1}^a)) +
$$

$$
(1 - \lambda_t^a) \cdot \text{LSTM}_{affect}(u_t, (h_{t-1}^a, c_{t-1}^a))
$$

$$
\lambda_t^a = \begin{cases} 1, p_t = p_{m+1}^a \\ 0, p_t \neq p_{m+1}^a \end{cases} \tag{4.10}
$$

其中，$t = 1, 2, \cdots, m$；$u_t \in \mathbb{R}^H$ 是从特征抽取步骤中提取的话语特征，在基于 GloVe 的 CNN 特征抽取器中 $H = 100$，在基于 RoBERTa 的特征抽取器中 $H = 1\,024$；LSTM$_{store}$ 和 LSTM$_{affect}$ 是 2 个具有不同参数的 LSTM 单元，h_t^a 和 c_t^a 分别是隐层状态和细胞状态，$h_t^a / c_t^a \in \mathbb{R}^F$；$F = 100$ 是模型隐层的维度；λ_t^a 是 t 时刻的信息系数；p_t 是第 t 轮的对话参与者；p_{m+1}^a 是下一时刻（第 $m + 1$ 时刻）的对话参与者。

根据每个历史时刻的话语 u_t 是否由下一时刻的对话者 p_{m+1}^a 所说，模型将历史话语分为两种类型。并且，模型使用 LSTM$_{store}$ 和 LSTM$_{affect}$ 分别学习如何处理这两种不同类型的话语信息。虽然 LSTM$_{store}$ 和 LSTM$_{affect}$ 使用了相同的 LSTM 单元结构，但参数不同，它们之间不共享参数。通过上述过程，提出的对话者感知模块可以将每个历史对话参与者是否与下一时刻的对话参与者身份一致这一信息融入对话的建模过程中，从而使模型具备了对话者身份信息的融合能力。

通过上述步骤，多轮对话历史 $[u_1, u_2, \cdots, u_m]$ 中所有的情绪信息都被累

积到了对话者 p_{m+1}^a 最后时刻的内部情绪状态 c_m^a 中。然后,将 c_m^a 输入到输出门 o_m 中,得到 m 时刻对话者 p_{m+1}^a 所表达的情绪状态 h_m^a。最后,将 h_m^a 输入到一个线性层和 ReLU 激活函数中,用于预测对话者 p_{m+1}^a 在第 $m+1$ 时刻的情绪:

$$es_{m+1}^a = \mathrm{ReLU}(\boldsymbol{W}_s^{\mathrm{T}} h_m^a + b) \tag{4.11}$$

其中,$es_{m+1}^a \in \mathbb{R}^F$ 是对话者 p_m^a 的最终情绪表征,$F = 100$ 是模型隐层的维度;$\boldsymbol{W}_s \in \mathbb{R}^{F \times F}$ 是线性变换层的权重;$\cdot^{\mathrm{T}}$ 代表转置。

4.2.3　基于图结构的对话者感知模型

尽管基于序列结构的模型可以有效建模对话数据,但是其仍面临着长期信息传播问题。例如,在对话建模中,基于序列结构的模型往往只能有效保留短期的历史信息,而长期的历史信息可能在序列模型信息传播的过程中逐渐丢失,这些长期的历史信息对于推断参与者的情绪也很重要。因此,本书提出了基于图结构的对话者感知模型,模型结构如图 4.2(b)所示。其基本思想为,将对话中每个时刻的状态表示成图模型中的节点,对话轮次之间的联系用图模型中节点之间的连边表示。这样就打破了对话轮次之间的时序关系,远距离和近距离的对话轮次在与其他轮次之间进行交互时拥有同等的交互机会,从而可以有效避免长期历史信息由于距离过远而丢失的现象。

将每个对话表示为一个有向图 $G = (\boldsymbol{g}, \boldsymbol{E}, \boldsymbol{\alpha}, \boldsymbol{W})$。其中,节点 $\boldsymbol{g} = \{g_1, g_2, \cdots, g_m\}$;边为 $\boldsymbol{E}$;节点 g_m 和节点 g_t 之间的边权重 $\alpha_{m,t} \in \boldsymbol{\alpha}$;$g_t$ 代表对话历史中每一个历史节点;g_m 是对话历史的最后一个节点,$t = 1, 2, \cdots, m$;$\boldsymbol{W}$ 是模型参数矩阵。下面详细介绍图模型中节点和边的构造过程。

1.节点

根据公式(4.2),将话语信息 $[U_1, U_2, \cdots, U_t, \cdots, U_m]$ 进行编码,得到话语信息的向量表示 $[u_1, u_2, \cdots, u_t, \cdots, u_m]$。再通过一个线性转换层得到图 G 中每个节点的初始化向量表示 $[g_1, g_2, \cdots, g_t, \cdots, g_m]$。图中每个节点 $g_t \in \boldsymbol{g}$ 代表对话者在 t 时刻的对话状态:

$$g_t = (\boldsymbol{W}_t^{\mathrm{T}} u_t + b) \tag{4.12}$$

其中,$t = 1, 2, \cdots, m$;$u_t \in \mathbb{R}^H$,是从特征抽取步骤中提取的话语特征,在基于

GloVe 的 CNN 特征抽取器中 $H = 100$，在基于 RoBERTa 的特征抽取器中 $H = 1\ 024$；$W_l \in \mathbb{R}^{F \times H}$，是线性变换层的权重；$\cdot^{\mathrm{T}}$ 代表转置；$F = 100$ 是节点的维度。

2. 边

图模型中节点与节点之间的连边代表了对话状态之间的复杂依赖关系。在多轮对话情绪预测任务中，每个对话状态只与其所有历史对话状态相连，而与其未来时刻的对话状态没有连接。这是因为，预测任务旨在预测未来时刻对话者的情绪状态，而未来时刻的话语信息在当前时刻还处于未知状态。

3. 边权重与边类型

边的权重代表了节点之间的连接强度。使用注意力函数 $\mathrm{ATT}(g_m, g_t)$ 来计算节点 g_m 和节点 g_t 之间的边权重：

$$\mathrm{ATT}(g_m, g_t) = W_a^{\mathrm{T}}(\mathrm{ReLU}(W_f^{\mathrm{T}}[g_m \parallel g_t])) \tag{4.13}$$

其中，$g_t \in \mathbb{R}^F$ 代表图中的节点，$F = 100$，$t = 1, 2, \cdots, m$；$\cdot^{\mathrm{T}}$ 代表转置；$\parallel$ 是向量拼接操作；$W_f \in \mathbb{R}^{2F \times F}$ 是融合矩阵，将 2 个连接的节点融合成一个 F 维向量，然后通过一个 ReLU 非线性激活函数；$W_a \in \mathbb{R}^F$ 是注意力矩阵，它将融合后的向量映射到一维的注意力分数上。

为了区分对话者 p_{m+1}^a 是保持自身的历史情绪还是受到他人的影响，将连边分为两种类型：持续型和感染型。然后，使用 2 个不同的注意力函数 $\mathrm{ATT}_{\mathrm{store}}$ 和 $\mathrm{ATT}_{\mathrm{affect}}$，分别计算这 2 种不同类型的边的权重，此过程与基于序列结构的对话者感知模型类似。如果在 t 时刻的历史话语 u_t 是由对话者 p_{m+1}^a 所说的，即 $p_t = p_{m+1}^a$，那么使用 $\mathrm{ATT}_{\mathrm{store}}$ 来计算 g_m 和 g_t 之间的边权重，否则使用 $\mathrm{ATT}_{\mathrm{affect}}$。节点 g_m 和节点 g_t 之间的边权重可以形式化表示为

$$\alpha_{m,t}^a = \mathrm{softmax}(\lambda_t^a \cdot \mathrm{ATT}_{\mathrm{store}}(g_m, g_t) +$$
$$(1 - \lambda_t^a) \cdot \mathrm{ATT}_{\mathrm{affect}}(g_m, g_t))$$
$$\lambda_t^a = \begin{cases} 1, & p_t = p_{m+1}^a \\ 0, & p_t \neq p_{m+1}^a \end{cases} \tag{4.14}$$

其中，$\alpha_{m,t}^a$ 表示节点 g_m 和 g_t 之间边的注意力权重；g_m 代表对话历史中最后一个时刻的对话状态；g_t 代表图中所有与 g_m 相连的历史节点，$t = 1, 2, \cdots, m$；λ_t^a 是 t 时刻的信息系数；p_t 是第 t 轮的对话参与者；p_{m+1}^a 是下一时刻（第 $m + 1$ 时刻）的

对话参与者。

4.节点更新

更新后的节点 g'_m 是所有与之相连节点的线性组合。同时,节点的更新也使用了上文学习到的注意力系数 $\alpha_{m,t}^a$:

$$g'_m = \sum_{t \in H_m} \alpha_{m,t}^a \cdot g_t \tag{4.15}$$

其中, $t \in H_m$ 是与最后一个节点 g_m 相连的所有历史节点 g_t。

更新后,所有有助于推断对话者 p_{m+1}^a 情绪的历史信息都累积到节点 g'_m 中。然后,通过节点 g'_m 获取到对话者 p_{m+1}^a 的情绪表征 eg_{m+1}^a:

$$eg_{m+1}^a = \text{ReLU}\left(W_g^{\text{T}} g'_m + b\right) \tag{4.16}$$

其中, eg_{m+1}^a 是对话者 p_{m+1}^a 的情绪表征; $g'_m \in \mathbb{R}^F$, $F = 100$ 是图中节点的维度; $W_g \in \mathbb{R}^{F \times F}$ 是线性变换层的权重; $\cdot^{\text{T}}$ 代表转置。

基于图结构的对话者感知模型将每个话语表示为图中的一个节点,每个节点都连接到所有历史节点(包括短距离节点和长距离节点)。注意力权重用于表示节点之间的连接强度。这样,即使是长距离节点,只要它们在语义上相关,也会得到很大的注意力权重。

然而,基于注意力机制的图模型只关注那些语义相关的节点,忽略了那些语义无关但仍可能对对话者的情绪预测有贡献的节点。为了解决这个问题,本书还提出了一个模型变体,它利用基本的 LSTM 模型来积累语义相关和语义无关的历史信息(仍然只能捕获短期信息),并将其与基于图结构的对话者模型相结合:

$$eg_{m+1}^a{}' = eg_{m+1}^a + \text{LSTM}(u_{\leq m}) \tag{4.17}$$

其中,LSTM($\cdot$)是一个单向 LSTM 模型; $u_{\leq m} = u_1, u_2, \cdots, u_m$。实验结果表明,将简单的 LSTM 模型融合到基于图结构的对话者感知模型中可以提升后者的性能。

4.2.4　外部常识知识信息融合

尽管大部分现有模型可以直接从训练数据中进行训练和学习,并在多种任务上取得了先进的性能,但是,在复杂的自然语言处理任务上,如对话情绪预测等,外部常识知识的融入可以进一步提升模型的推理能力。因此,本书提出了外部常识知识信息融合模块,通过融合外部常识知识来增强对话情绪预测任务。外部常识知识融合模块如图4.2(c)所示。

近来,知识库如 ATOMIC 和 COMET 提供了包含日常事件常识知识的事件级知识,这为进一步研究和提升情绪预测任务提供了新的数据基础。使用从 COMET 中生成的常识知识,进一步提升情绪预测模型的性能。

与 ConceptNet 和 SenticNet 等概念级知识库不同,ATOMIC 是日常事件级常识推理的数据集,包含87.7万个事件级推理知识的文本描述。与现有的资源相比,ATOMIC 将推理知识表示为 If - Then 形式,例如,"if X pays Y a compliment, then Y will likely return the compliment"。ATOMIC 从事件及事件参与者的 4 个方面进行标注:"影响(effects)""必备条件(needs)""意图(intents)"和"特质(attributes)"。并且,知识库中包含了丰富的参与者情绪信息。ATOMIC 中定义了 9 种不同类型的知识:①xIntent;②xNeed;③xAttr;④xEffect;⑤xWant;⑥xReact;⑦oReact;⑧oWant;⑨oEffect。表4.1 给出了这 9 种知识类型的解释。其中,"X" 代表事件的施事,"others" 代表事件的受事。

表4.1　ATOMIC 知识库中知识的类型及解释

知识类型	解释
xIntent	为什么 X 会导致该事件? Why does X cause the event?
xNeed	X 在事件前需要做什么? What does X need to do before the event?
xAttr	如何描述 X? How would X be described?
xEffect	事件对 X 有什么影响? What effects does the event have on X?

续表4.1

知识类型	解释
xWant	事件结束后,X 可能想做什么? What would X likely want to do after the event?
xReact	事件发生后,X 的感受如何? How does X feel after the event?
oReact	事件结束后,其他人的感受如何? How do others' feel after the event?
oWant	事件结束后,其他人可能想做什么? What would others likely want to do after the event?
oEffect	这个事件对其他人有什么影响? What effects does the event have on others?

ATOMIC 中的知识库可以形式化表示为三元组(s, r, o),其中,s 是三元组的短语主体,r 是三元组的关系,o 是三元组的短语客体。例如,与事件"X 称赞 Y(X pays Y a compliment)"相关的几个元组为:(s = "如果 X 称赞 Y (if X pays Y a compliment)", r = "xIntent", o = "X 想表现得很友好(X will want to be nice)"),(s = "如果 X 称赞 Y (if X pays Y a compliment)", r = "oReact", o = "那么 Y 会感到受宠若惊(then Y will feel flattered and happy)"),(s = "如果 X 称赞 Y (if X pays Y a compliment)", r = "oEffect", o = "那么 Y 很可能会回敬(then Y will likely return the compliment)")。

在上述 9 种知识类型中,ATOMIC 提供了 3 种关于事件发生后将会触发他人哪些类型的行为或者情绪的常识性知识,这些知识的类型为:oReact、oWant 和 oEffect。这些知识可能会对多轮对话情绪预测任务中推断对话者在收到一个消息后的情绪反应提供帮助。然而,大多数对话数据中的话语短语与 ATOMIC 知识库中的事件短语并不完全匹配,因此,使用 COMET 模型来自动生成与对话数据相符的常识知识,并用于对话情绪预测任务中。

COMET 是一个自动常识知识生成模型,它以预训练模型 GPT 为基础模型,在多个常识知识库上进行训练,并可以自动生成相应的常识知识。当在

ATOMIC 知识库上进行训练时,它将短语主体 s 和关系 r 作为输入,将短语客体 o 作为训练目标来学习基于事件的常识知识。为了利用 COMET 模型来生成对话相关的常识知识,并用于对话情绪预测任务,我们将对话中每个话语作为短语主体 s,将 oReact、oWant 和 oEffect 分别作为关系 r,然后将它们输入到训练好的 COMET 模型中,最后生成对话相关的 3 种类型的常识知识。

图 4.1 展示了一个从 COMET 生成的推理知识的例子。本书研究的情绪预测任务是推断下一时刻对话者对当前话语的情绪反应,因此,将当前时刻的对话者当作当前话语的施事,将下一时刻的对话者当作当前话语的受事,获取事件受事对于事件反应的常识知识即可。仅使用了上述 9 种类型中与事件受事 others 相关的 3 种类型的知识:oReact,oWant 和 oEffect。

具体而言,将话语 U_m 输入到 COMET 模型中,用于生成 3 种类型的推理知识:k_m^{oReact}、k_m^{oWant} 和 k_m^{oEffect}。对应于上述事件的短语主体 s、关系 r 和短语客体 o,对话相关的常识知识可以形式化表示为三元组:$(s = \text{``}U_m\text{''}; r = \text{``oReact, oWant, oEffect''}; o = \text{``}k_m^{\text{oReact}}, k_m^{\text{oWant}}, k_m^{\text{oEffect}}\text{''})$。上述知识生成的过程可以形式化表示为

$$k_m^{\text{oReact}}, k_m^{\text{oWant}}, k_m^{\text{oEffect}} = \text{COMET}(U_m, \text{oReact}, \text{oWant}, \text{oEffect}) \tag{4.18}$$

通过一个线性转换层,将所生成的知识直接用于情绪预测中:

$$ek_{m+1}^a = \text{ReLU}(W_k^{\text{T}}(k_m^{\text{oReact}} + k_m^{\text{oWant}} + k_m^{\text{oEffect}}) + b) \tag{4.19}$$

其中,ek_{m+1}^a 是对话者 p_{m+1}^a 基于外部知识的情绪表征;U_m 是对话中当前时刻的话语;k_m 是由 COMET 模型生成的知识表示,$k_m \in \mathbb{R}^H$;H 是输出知识的维度,$H = 768$;W_k 是线性变换层的权重,$W_k \in \mathbb{R}^{F \times H}$;$\cdot^{\text{T}}$ 代表转置;$F = 100$。

4.2.5　多源信息融合

将上述基于序列结构的对话者感知模型的输出 es_{m+1}^a(式(4.11)),基于图结构的对话者感知模型的输出 es_{m+1}^a(式(4.16)),以及外部常识知识信息 es_{m+1}^a(式(4.19))三者进行融合,并通过一个线性分类器来预测对话者 p_{m+1}^a 的情绪:

$$e_{m+1}^a = \lambda_1 \cdot es_{m+1}^a + \lambda_2 \cdot eg_{m+1}^a + \lambda_3 \cdot ek_{m+1}^a \tag{4.20}$$

$$E_{m+1}^a \sim P(E_{m+1}^a \mid (U_1,p_1),(U_2,p_2),\cdots,(U_t,p_t),\cdots,(U_m,p_m),p_{m+1}^a,K)$$

$$= \mathrm{softmax}(\boldsymbol{W}_c^{\mathrm{T}} e_{m+1}^a + b) \qquad\qquad (4.21)$$

其中,e_{m+1}^a 是融合后的最终情绪表示;$\lambda_1,\lambda_2,\lambda_3$ 是超参数,$0 \leqslant \lambda_1,\lambda_2,\lambda_3 \leqslant 1$;由于外部知识是补充证据,对模型预测只起辅助作用,因此对常识知识设置了较小的权重。$(\lambda_1 = 1.0, \lambda_2 = 1.0, \lambda_3 = 0.3)$ 是经验最优组合,在实验中使用了这个超参数组合。$\boldsymbol{W}_c$ 是线性分类器的权重,$\boldsymbol{W}_c \in \mathbb{R}^{F \times C}$。$C$ 是情绪类别的总数。$\cdot^{\mathrm{T}}$ 代表转置。E_{m+1}^a 是模型最终所预测出的对话者 p_{m+1}^a 的情绪标签。

在实验中,所有激活函数都设置为整流线性单元(ReLU)。此外,还尝试了 Tanh 激活函数,但其效果比 ReLU 激活函数差。这是因为 ReLU 激活函数将所有输出向量都映射到正值空间,避免了向量相加时正负值的中和(式(4.20)),即避免了向量中情绪信息的相互抵消。

4.3　实　验

本节使用了 3 个多轮对话数据集来验证所提出模型的有效性:IEMOCAP、MELD 和 EmoryNLP。关于这 3 个对话数据集的详细介绍请参考第 2 章。

4.3.1　实验设置

按照标准程序对对话中的句子进行预处理,包括分词、字母小写化、填充较短的句子以及剪枝较长的句子等。最大句子长度设置为 250。文章使用 16 的批量大小、0.001 的学习率和 0.2 的暂退率来训练模型。使用交叉熵作为模型的优化目标函数,优化算法是 Adam。隐层大小 F 设置为 100。所有模型都训练 60 轮,并使用在开发集上取得最佳结果的模型参数进行测试。其他超参数则使用网格搜索法进行优化。模型的实现基于 PyTorch 框架[①]和 PyTorch – Geometric 框架[②]。对于所有基线方法,使用公开的实现方法和原始论文中报告的最佳参数组合。

---

① PyTorch 1.7.0：https://pytorch.org/
② PyTorch – Geometric 1.4.0：https://pytorch – geometric.readthedocs.io

4.3.2　模型变体

本书提出的基于多源信息融合的对话者感知模型存在以下几个变体：

（1）DialogInfer - S，是仅基于序列结构的对话者感知模型。

（2）DialogInfer - G，是仅基于图结构的对话者感知模型。

（3）DialogInfer - G + LSTM，是基于图结构的对话者感知模型与 LSTM 模型的融合（式（4.17））。

（4）DialogInfer - (S + G)，是基于序列结构的对话者感知模型与基于图结构的对话者感知模型的融合。

（5）DialogInfer - (S + G) + K，是基于序列结构的对话者感知模型，基于图结构的对话者感知模型和外部常识知识信息三者的融合（式（4.19））。

将模型在基于 GloVe 特征和基于 RoBERTa 特征上分别进行对比。融合外部常识知识的模型和未融合外部常识知识的模型分别记为 with K 和 w/o K。

4.3.3　实验结果及分析

将提出的模型在 3 个基准对话数据集上与基线方法进行比较，评估指标为加权宏平均 F_1 值 Weighted Macro - F_1。报告 5 次运行结果的中位数，最优结果以粗体显示，星号 * 表示性能上的提升具有显著性（双尾配对 t 检验，$P <$ 0.05）。

3 个数据集上的实验结果见表 4.2 ～ 4.4。从结果可以看出，基于序列结构的对话者感知模型、基于图结构的对话者感知模型以及外部常识知识信息三者的融合取得了最优的性能，并且在加权宏平均 F_1 值评估指标上比基线方法高出 3% ～ 4%。这表明我们提出的模型可以捕获比其他模型更重要的信息来推断对话者的情绪。

表 4.2　IEMOCAP 数据集的实验结果

基座	外部知识	模型	IEMOCAP 数据集												
			快乐 (happy)		悲伤 (sad)		中性 (neutral)		愤怒 (angry)		兴奋 (excited)		沮丧 (frustrated)		$W-F_1$
			ACC.	F_1	ACC.	F_1	ACC.	F_1	ACC.	F_1	ACC.	F_1	ACC.	F_1	
GloVe-based		CNN	42.50	38.78	46.04	48.51	33.26	35.54	46.41	51.19	61.71	46.55	45.71	46.65	44.09
		LSTM	41.94	33.05	75.12	70.95	51.70	45.65	57.92	60.06	60.81	68.29	51.48	55.19	56.22
		DialogueRNN	47.22	31.63	78.60	74.61	52.28	49.07	62.00	58.13	62.91	70.14	52.39	57.48	58.12
		DialogueGCN	49.04	41.30	60.87	67.78	51.56	45.08	64.06	55.03	60.80	68.67	56.42	57.66	56.48
	w/o K	DialogInfer - S	49.57	44.19	62.60	63.64	61.78	56.56	58.79	57.91	71.10	73.37	55.41	59.71	60.45
		DialogInfer - G	44.75	50.00	75.17	68.00	56.07	51.95	54.74	57.78	72.96	65.13	56.48	61.56	59.48
		DialogInfer - G + LSTM	57.14	37.56	71.37	69.68	62.24	54.95	53.92	60.47	63.17	71.10	57.28	59.60	60.22
		DialogInfer - (S + G)	49.65	49.30	72.49	71.09	66.33	59.23	46.34	54.81	73.41	70.50	53.30	55.26	60.74
	with K	DialogInfer - (S + G) + K	35.23	38.87	72.86	68.30	63.29	58.14	62.42	59.94	69.37	68.76	57.46	62.24	61.03*

续表4.2

IEMOCAP 数据集

基座	外部知识	模型	快乐 (happy)		悲伤 (sad)		中性 (neutral)		愤怒 (angry)		兴奋 (excited)		沮丧 (frustrated)		$W-F_1$
			ACC.	F_1	ACC.	F_1	ACC.	F_1	ACC.	F_1	ACC.	F_1	ACC.	F_1	
(Ro)BERT(a)-based	w/o K	RoBERTa	23.96	19.25	43.52	51.62	40.42	38.24	53.60	45.42	46.69	42.56	47.54	51.45	43.24
		RoBERTa LSTM	48.21	42.35	75.91	72.93	51.09	53.64	56.45	58.99	68.83	61.15	55.79	59.36	58.81
		RoBERTa DialogueRNN	46.97	54.55	65.91	69.32	56.50	58.55	57.49	56.97	73.73	63.24	57.23	54.55	59.53
		DialogInfer-S	47.37	48.81	77.97	76.13	66.76	65.76	47.60	54.64	69.90	72.24	62.74	56.77	63.63
		DialogInfer-G	47.95	48.44	69.08	64.27	61.92	55.49	51.89	57.59	69.93	71.93	55.13	57.82	59.94
		DialogInfer-G+LSTM	39.90	46.33	73.33	75.86	66.36	61.47	59.51	58.26	67.09	60.46	60.77	63.66	62.26
		DialogInfer-(S+G)	50.35	50.00	76.65	74.84	61.47	65.41	59.26	57.83	71.43	72.04	63.77	60.69	64.70
	with K	COMET	23.94	23.86	39.37	44.85	35.29	33.71	41.73	35.69	40.07	41.28	42.66	41.57	37.95
		COSMIC	48.61	48.78	76.96	71.04	57.77	55.26	72.57	57.95	68.24	69.06	55.06	62.24	61.50
		DialogInfer-(S+G)+K	44.85	51.63	68.95	74.17	72.70	65.38	62.42	58.31	74.14	70.65	61.48	63.44	65.20*

表 4.3　MELD 数据集的实验结果

基座	外部知识	模型	中性 (neutral)		惊讶 (surprise)		恐惧 (fear)		悲伤 (sadness)		喜悦 (joy)		厌恶 (disgust)		愤怒 (anger)		W − F_1
			ACC.	F_1	ACC.	F_1	ACC.	F_1	ACC.	F_1	ACC.	F_1	ACC.	F_1	ACC.	F_1	
GloVe-based	w/o K	CNN	50.56	60.93	14.77	12.12	0.00	0.00	10.71	2.79	22.71	19.65	0.00	0.00	28.12	19.23	36.31
		LSTM	49.46	63.97	0.00	0.00	0.00	0.00	0.00	0.00	24.79	12.53	0.00	0.00	37.58	26.22	36.06
		DialogueRNN	50.12	59.19	15.93	9.84	0.00	0.00	16.84	11.35	24.51	20.29	11.76	5.00	28.75	25.18	36.93
		DialogueGCN	50.35	62.60	13.33	5.11	0.00	0.00	10.34	2.78	22.96	16.25	8.33	2.67	35.20	27.38	36.98
		DialogInfer − S	51.21	65.06	28.95	7.56	0.00	0.00	31.82	6.70	23.81	9.05	0.00	0.00	35.83	31.39	38.09
		DialogInfer − G	50.07	64.50	33.33	4.43	0.00	0.00	0.00	0.00	26.67	9.24	0.00	0.00	35.05	28.74	36.62
		DialogInfer − G + LSTM	50.87	64.69	24.59	9.55	0.00	0.00	16.22	5.36	30.53	12.80	0.00	0.00	34.76	26.26	37.92
		DialogInfer − (S + G)	51.03	62.22	21.19	15.84	0.00	0.00	29.79	11.97	26.16	20.84	25.00	2.99	31.29	20.22	38.46
	with K	DialogInfer − (S + G) + K	52.14	62.32	18.72	15.91	0.00	0.00	19.80	13.89	31.25	16.46	0.00	0.00	34.16	30.13	39.23*

续表4.3

MELD 数据集

基座	外部知识	模型	中性 (neutral)		惊讶 (surprise)		恐惧 (fear)		悲伤 (sadness)		喜悦 (joy)		厌恶 (disgust)		愤怒 (anger)		$W-F_1$
			ACC.	F_1	ACC.	F_1	ACC.	F_1	ACC.	F_1	ACC.	F_1	ACC.	F_1	ACC.	F_1	
(Ro)BERT(a)-based	w/o K	RoBERTa	49.77	63.61	25.00	9.58	0.00	0.00	16.22	12.08	38.46	13.76	0.00	0.00	35.58	17.96	36.99
		RoBERTa LSTM	50.36	62.32	0.00	0.00	0.00	0.00	18.48	12.19	27.17	17.70	0.00	0.00	35.54	31.27	37.71
		RoBERTa DialogueRNN	52.25	59.71	17.29	11.92	0.00	0.00	21.88	14.84	25.07	25.78	0.00	0.00	32.59	27.44	38.70
		DialogInfer-S	52.85	62.74	20.59	14.40	0.00	0.00	25.61	15.61	26.82	20.42	18.18	5.41	35.22	31.35	40.32
		DialogInfer-G	51.30	60.15	19.18	14.04	5.88	3.28	18.18	15.76	22.79	19.68	0.00	0.00	36.36	25.37	38.06
		DialogInfer-G+LSTM	50.53	63.42	30.00	4.40	20.00	4.08	30.36	13.99	29.56	18.18	0.00	0.00	41.55	33.40	39.26
		DialogInfer-(S+G)	51.60	62.05	22.73	13.77	25.00	4.17	22.03	10.57	35.35	25.18	0.00	0.00	37.55	35.01	40.67
	with K	COMET	48.44	62.08	20.00	4.86	0.00	0.00	18.75	7.66	28.33	14.23	0.00	0.00	19.35	11.11	34.56
		COSMIC	52.17	60.50	17.48	10.11	0.00	0.00	23.91	20.31	27.01	25.11	0.00	0.00	34.19	29.52	39.46
		DialogInfer-(S+G)+K	53.07	62.19	28.57	15.95	0.00	0.00	34.78	7.62	32.47	25.47	0.00	0.00	33.25	36.94	40.96*

表 4.4　EmoryNLP 数据集的实验结果

基座	外部知识	模型	喜悦 (joyful)		气愤 (mad)		平和 (peaceful)		中性 (neutral)		悲伤 (sad)		强大 (powerful)		恐惧 (scared)		W – F_1
			ACC.	F_1	ACC.	F_1	ACC.	F_1	ACC.	F_1	ACC.	F_1	ACC.	F_1	ACC.	F_1	
GloVe-based	w/o K	CNN	23.12	21.98	11.11	10.39	27.27	12.95	31.22	40.27	15.00	6.90	0.00	0.00	14.16	14.35	20.97
		LSTM	22.97	24.70	14.58	10.77	11.11	1.74	30.56	41.52	6.25	2.41	8.00	3.54	15.62	7.04	19.75
		DialogueRNN	24.92	31.25	11.11	4.00	0.00	0.00	30.98	39.78	6.90	4.17	5.00	1.85	21.95	11.92	20.37
		DialogueGCN	22.35	21.05	13.46	10.45	9.52	3.15	30.20	39.95	15.38	5.00	8.62	6.85	12.35	10.47	19.59
		DialogInfer – S	25.08	30.77	22.00	16.67	15.79	4.80	31.45	38.32	0.00	0.00	7.78	7.87	13.79	5.76	21.08
		DialogInfer – G	23.27	26.15	23.64	18.98	0.00	0.00	31.73	44.26	0.00	0.00	0.00	0.00	33.33	1.77	20.22
		DialogInfer – G + LSTM	23.58	26.54	10.94	9.59	14.71	11.49	32.96	37.99	0.00	0.00	0.00	0.00	11.89	13.44	20.41
		DialogInfer – (S + G)	26.54	24.36	15.38	13.61	16.67	7.35	31.81	40.56	13.64	6.74	11.24	11.30	11.54	9.57	21.69
	with K	DialogInfer – (S + G) + K	25.19	29.14	18.37	20.00	0.00	0.00	29.62	37.46	0.00	0.00	0.00	0.00	23.17	19.79	21.17

续表4.4

EmoryNLP 数据集

基座	外部知识	模型	喜悦 (joyful) ACC.	喜悦 (joyful) F_1	气愤 (mad) ACC.	气愤 (mad) F_1	平和 (peaceful) ACC.	平和 (peaceful) F_1	中性 (neutral) ACC.	中性 (neutral) F_1	悲伤 (sad) ACC.	悲伤 (sad) F_1	强大 (powerful) ACC.	强大 (powerful) F_1	恐惧 (scared) ACC.	恐惧 (scared) F_1	$W - F_1$
(Ro)BERT(a)-based	w/o K	RoBERTa	25.26	25.45	5.68	5.88	10.00	6.41	32.30	38.58	11.76	7.92	6.56	5.37	14.29	12.94	20.46
		RoBERTa LSTM	23.04	30.72	33.33	20.34	23.08	9.09	33.01	40.65	40.00	50.56	0.00	0.00	18.18	6.06	22.26
		RoBERTa DialogueRNN	20.00	22.27	17.91	16.11	13.85	10.53	32.42	36.21	11.11	9.92	4.08	2.92	27.00	25.71	21.98
		DialogInfer - S	28.49	27.00	20.97	18.06	7.69	3.03	32.57	43.42	0.00	0.00	0.00	0.00	28.95	23.66	23.09*
		DialogInfer - G	23.55	27.84	18.67	17.83	22.81	15.95	33.96	37.46	10.26	7.55	3.03	1.65	16.35	15.89	22.81
		DialogInfer - G + LSTM	24.92	31.54	26.09	18.75	7.50	4.11	32.72	38.88	0.00	0.00	19.20	14.30	24.00	15.00	22.01
		DialogInfer - (S + G)	22.17	24.23	30.77	27.21	23.08	9.09	31.05	40.69	18.18	5.13	3.33	1.69	23.40	14.01	22.63
	with K	COMET	23.53	26.11	13.33	7.14	0.00	0.00	29.11	38.99	30.00	7.79	9.26	7.04	18.60	10.46	19.93
		COSMIC	24.44	26.44	29.63	14.68	9.52	3.15	32.14	43.85	42.86	8.11	0.00	0.00	20.97	15.12	21.60
		DialogInfer - (S + G) + K	24.85	31.48	27.50	18.03	0.00	0.00	32.55	41.76	0.00	0.00	0.00	0.00	27.59	20.57	22.82

1.CNN 和 RoBERTa

从表 4.2 ~ 4.4 可以看出,在大多数情况下,话语级别的模型,如 CNN 和 RoBERTa,其性能要比其他基于整个对话历史的模型性能差。这表明对话中的情绪传播是一个连续的过程,对话者的情绪预测取决于来自整个对话历史的证据。并且,基于(Ro)BERT(a)模型的大多数结果都优于基于 GloVe 模型的结果。这是因为,(Ro)BERT(a)模型已经在大规模非结构化的文本数据上进行了预训练,相较于 GloVe 模型,从(Ro)BERT(a)模型中提取的特征信息量更大。

2.序列结构和图结构

基于序列结构的对话者感知模型 DialogInfer - S 和基于图结构的对话者感知模型 DialogInfer - G 都优于基线方法,这表明本书提出的将对话者感知模块应用于基于序列和基于图结构的方法,可以有效建模对话中参与者之间的情绪依赖性。并且,将 DialogInfer - S 模型和 DialogInfer - G 模型进行融合之后,模型性能也取得了进一步的提升。这表明,短期和长期的对话历史信息对于对话者情绪状态的预测都很重要。

3.外部常识知识

为了进一步探究外部常识知识中是否包含对情绪预测有用的知识,我们还分析了 COMET 模型的结果。该模型仅将外部常识知识作为输入而没有使用话语。从表 4.2 ~ 4.4 中可以看出,仅用知识的模型达到了与部分话语级别基线相当的水平,这表明外部知识确实提供了丰富的情绪信息。此外,在大多数情况下,融入外部知识确实可以提升模型的性能。这表明 ATOMIC 和 COMET 等外部推理知识可以进一步提高仅在原始数据集上训练的模型的推理能力。然而,在少数情况下,知识融合并不总是有效,甚至可能会使效果下降。这是因为外部常识知识中的噪声削弱了其本身的作用(因为这些外部常识知识是机器自动生成而非手动标注的,外部知识中存在大量错误信息)。

4.IEMOCAP、MELD 和 EmoryNLP

将这 3 个数据集的结果进行比较,IEMOCAP 数据集的结果明显优于 MELD 数据集和 EmoryNLP 数据集的结果。主要原因是 IEMOCAP 数据集的对话历史比 MELD 和 EmoryNLP 数据集更长(IEMOCAP 为 47.8 轮,MELD 为 9.6 轮,EmoryNLP 为 11.5 轮)。更长的对话历史为对话者的情绪推断提供了更多的证据。此外,在之前的研究中已经观察到,在 EmoryNLP 数据集中进行情绪建模是困难的,因为每个对话中通常有很多对话参与者,每个参与者通常只说了少量的话语,这对建模某个人的情绪状态是不利的。

4.3.4 消融实验及分析

为了探究模型中各个组件的功能,本书设置了消融实验。从基于序列结构的对话者感知模型 DialogInfer－S 和基于图结构的对话者感知模型 DialogInfer－G 中移除对话者感知模块,即将公式(4.10)中 2 个不同的 LSTM 单元 $LSTM_{store}$ 和 $LSTM_{affect}$ 替换成相同的 LSTM 单元,并且将公式(4.14)中 2 个不同的注意力单元 ATT_{store} 和 ATT_{affect} 替换成相同的注意力单元。3 个数据集的消融实验结果见表4.5。

表 4.5 3 个数据集的消融实验结果

基座	模型	IEMOCAP 数据集	MELD 数据集	EmoryNLP 数据集
GloVe-based	DialogInfer－S	60.45	38.09	21.08
	w/o addressee-aware	57.04	36.3	18.94
	DialogInfer－G	59.48	36.62	20.22
	w/o addressee-aware	56.42	35.21	20.1
	DialogInfer－G + LSTM	60.22	37.92	20.41
	w/o addressee-aware	57.02	37.32	20.08
	DialogInfer－(S + G)	60.74	38.46	21.69
	w/o addressee-aware	58.79	37.33	19.7
(Ro)BERT(a)-based	DialogInfer－S	63.63	40.32	23.09
	w/o addressee-aware	59.23	38.03	22.52
	DialogInfer－G	59.94	38.06	22.81
	w/o addressee-aware	56.43	37.17	21.03
	DialogInfer－G + LSTM	62.26	39.29	22.01
	w/o addressee-aware	59.11	38.36	21.98
	DialogInfer－(S + G)	64.7	40.67	22.63
	w/o addressee-aware	59.39	38.81	22.16

从表 4.5 中可以看出,移除对话者感知模块后,基于 GloVe 模型和基于
RoBERTa 模型的性能均下降。这证明了本书提出的对话者感知模块在基于序
列结构的模型 DialogInfer－S 和基于图结构的模型 DialogInfer－G 中的有效
性。消融实验结果表明,对话者感知模块可以模拟情绪传播的持续性和感染
性,并自动学习对话参与者在对话过程中的情绪变化。

4.3.5　样例分析及注意权重可视化

为了进一步探究对话者感知模块在对话数据建模以及在捕获长期信息方
面的作用,本书还将 DialogInfer－G 模型的注意力权重(式(4.14))进行可视化
展示。所有样例来自 IEMOCAP 测试集。

从图 4.3 和图 4.4 中可以看出,DialogInfer－G 模型为不同类型的节点分配
了不同的权重。与下一时刻对话者具有相同身份信息的节点通常会被分配更
高的权重(节点 g_t 的参与者 p_t 与对话者 p_{m+1}^a 是同一参与者,$p_t = p_{m+1}^a$)。这是因
为情绪的传播是一个连续的过程,对话者未来时刻的情绪与自身的历史情绪密
切相关。而对话者感知模块可以区分不同身份类型的输入信息,并为其分配不
同的权重。

Dialogue History			
Turn	Speaker	Utterance	Emotion
0	M	Guess what?	excited
1	F	What?	neutral
2	M	I did it, I asked her to marry me.	excited
3	M	Yes, I did it.	excited
4	F	When?	excited
5	M	Oh my god, it was just last weekend.	excited
6	F	Oh, what, how- where how did you do it?	excited
7	M	She——,well, she said yes, first of all, let me say that right off the bat. …	happy
8	F	Okay good. I assumed.	excited
9	F	Oh——	happy
10	M	I did it up at Yosemite. We went camping right like we usually do. …	happy
11	M	You know- we did some- you know some rock climbing up the waterfalls …	happy
12	F	Uh-huh	neutral
13	M	And you can climb it and it's covered in algae you know. …	happy
14	M	Well, instead I climb up on the rock and like I- I didn't do it —— it …	happy
15	M	And I pop up out of the water —— and I had planned it already, you know? …	happy
16	M	… And she's like, … I and said, You saved my life, now will you marry me?	happy

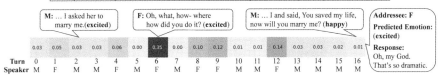

图 4.3　注意力权重可视化示例 1

此外,从图 4.3 和图 4.4 中还可以看出,即使是距离较远的历史对话状态,

Dialogue History			
Turn	Speaker	Utterance	Emotion
0	M	What is it?	neutral
1	F	Um.	sad
2	F	I'm sorry. It's just a lot of ahh to explain. Ahh I got a call —	sad
3	F	I got a call today.	sad
4	F	I'm going to need to go overseas for a while.	sad
5	M	You got called up.	angry
6	M	I thought you said this wasn't going to happen for at least a year.	angry
7	M	What am I going to do?	frustrated

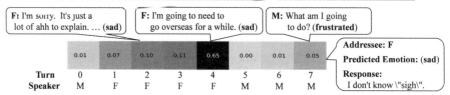

图 4.4　注意力权重可视化示例 2

也有可能被赋予很高的权重,如图 4.3 中的 0 ～ 6 轮和图 4.4 中的 0 ～ 4 轮。这是因为 DialogInfer – G 模型的图结构打破了对话历史中的距离限制。只要话语在语义上相关,它们就可以通过公式(4.14) 提供的注意力机制进行紧密联系,而无论距离如何。

实验中,COMET 生成的 3 种类型的外部常识知识 oReact、oWant 和 oEffect 被用于帮助情绪预测。还展示了一些样例来分析知识在情绪预测中的贡献。从图 4.5 ～ 4.7 中可以看出,3 种类型的知识短语 oReact、oWant 和 oEffect 为对话情绪预测提供了大量有用的信息。COMET 生成的知识短语,如对话者的情绪反应和属性等,从听者的角度提供了更为直接的证据,而这正是推断对话者情绪所必需的。例如,图 4.7 中的例子,当对话者说:"我很抱歉你丈夫欺骗了你。(I'm sorry your husband cheated on you.)"那么模型可以从常识知识中学习到听者可能会感受到"悲伤(sad)""受伤(hurt)"和"沮丧(upset)",并且听者可能想"哭(cry)"或"离婚(get divorced)"。所有的这些知识短语都有助于推断对话者的情绪。

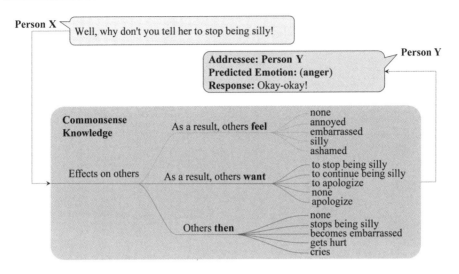

图 4.5　常识知识样例分析 1

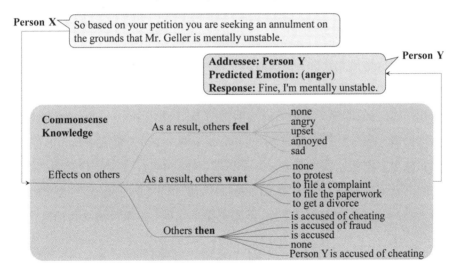

图 4.6　常识知识样例分析 2

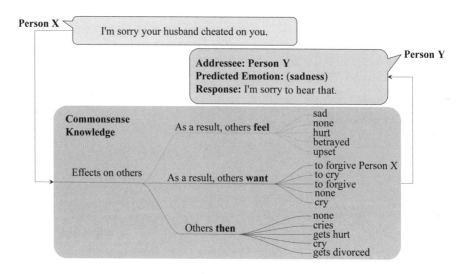

图 4.7　常识知识样例分析 3

4.3.6　情绪转变分析

在 3 个数据集上分析了当前对话轮到下一个对话轮的情绪转变率,用于观察对话中的情绪传播模式。从图 4.8 可以看出,连续 2 个回合之间的情绪很可能是相同的。例如,当一个话语表达的情绪为"快乐(happy)"时,那么对话者对此的情绪反应很可能也是"快乐(happy)"。此外,同类型情绪之间也存在较大的转变率。例如,"快乐(happy)"和"兴奋(excited)"都是积极类的情绪,它们之间的转变率较高。同样"愤怒(angry)"和"沮丧(frustrated)"这 2 种消极情绪之间的转变率也较高。此外,不同类型的情绪(如积极情绪和消极情绪)

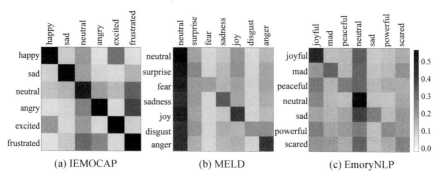

图 4.8　对话情绪转变率

之间的转变率相对较低,如"快乐(happy)"变为"愤怒(angry)"的转变率相对较低。

4.3.7　错误分析

多轮对话中的情绪预测是一项艰巨的任务,受到多种因素的限制。通过分析结果中的错误样例,发现了几个可能影响模型性能的潜在因素。首先,数据集的不平衡对多轮对话情绪预测任务的影响是巨大的。在混淆矩阵中,观察到样本较少的类别[恐惧(fear)、厌恶(disgust)、悲伤(sadness)等]比样本较大的类别[中性(neutral)]表现更差。例如,在数据集 MELD 中,大多数模型在"恐惧(fear)"和"厌恶(disgust)"上的表现甚至下降到了 0。其次,情绪是主观的,不同性格的人对同一事件的反应可能不同,这也大大增加了情绪预测的难度。并且,外部常识知识中的噪声也大大削弱了融入外部知识所带来的模型性能提升。

4.4　本章小结

在多轮对话中,长距离和短距离的对话历史信息都对情绪预测至关重要。并且,对话者的身份信息也是对话情绪预测任务中的关键因素。此外,对话相关的外部常识知识也可以提升模型的情绪预测能力。为了将长短期对话历史信息、对话者身份信息以及外部常识知识信息融入情绪预测中,本书提出了基于多源信息融合的对话者感知模型。该模型包括用于建模长短期对话历史信息的序列结构和图结构模块,用于嵌入对话者身份信息的对话者感知模块,以及用于增强模型预测能力的外部常识知识融合模块。在 3 个基准多轮对话数据集上进行了大量实验,结果表明,我们提出的模型达到了最优的加权宏平均 F_1 值,并且比基线方法高出 3%~4%。此外,在相关的定性实验分析中还发现了一些对话情绪分析的潜在特征。例如,同类型情绪之间存在较大的转变率,而不同类型情绪之间的转变率相对较低。

第5章 基于情绪反应多样性的 自适应集成模型

5.1 引　言

由于影响对话者情绪的因素复杂多样,需要对多轮对话中的情绪预测任务进一步深入探讨。本章主要针对多轮对话情绪预测任务中存在的情绪反应多样性问题开展深入研究。以图 5.1 中辛迪和鲍勃的对话为例,多轮对话情绪预测任务旨在探索前 5 轮对话将如何影响鲍勃的情绪,并根据对话历史推断出在第 6 轮对话中鲍勃可能会表现出的情绪反应。

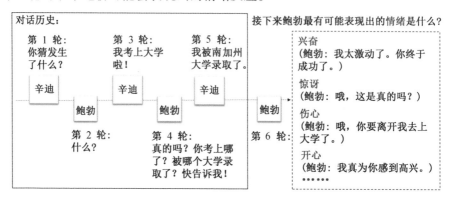

图 5.1　对话情绪预测任务示例

情绪反应的多样性体现在,对话情绪预测任务需要在不知道对话者未来时刻确切回复的情况下预测对话者的情绪反应,而符合上下文语境的回复可能有多个。同样,符合上下文语境的情绪反应也可能存在多种。如图 5.1 中的例子所示,如果辛迪说:"我被南加州大学录取了。(I got accepted to USC.)",那么鲍勃可能会感到"惊讶(surprised)""伤心(sad)""兴奋(excited)"或者"开心

（happy）"等。而这些情绪反应都在一定程度上符合当前语境,选择其中任何一种情绪反应都存在与之相对应的合理回复。若将多轮对话情绪预测任务视为单标签分类问题,就需要模型根据多轮对话历史信息,从多种候选的情绪反应中选择一种最符合当前上下文语境的情绪。

针对上述问题,本书提出了一种基于情绪反应多样性的自适应集成模型。该模型首先利用多个不同结构和参数的基础预测模型,预测对话者未来时刻的情绪,从而产生多种不同的预测结果,以模拟对话者情绪反应的多样性。在此基础上,设计一个自适应决策器,自动地从多种不同的预测结果中选择最符合当前上下文语境的预测结果。

此外,第 4 章的研究已经表明,融合外部常识知识可以提高模型在对话情绪预测任务上的表现,但是如何更加有效地利用外部知识仍然是情绪预测任务面临的挑战。如图 5.2 所示的常识知识图谱,如果一个人说:"我被南加州大学录取了。（I got accepted to USC.）"那么从知识图谱中可以得知,他人很可能会感到"兴奋（excited）""自豪（proud）"以及"开心（happy）"。这些外部常识知识中包含对情绪预测任务有用的信息,同样也包含冗余的、不相关的和错误的噪声信息。因此,本书提出了一种选择性知识融合策略,对外部常识知识有选择性地进行融入,从而减少冗余和错误的外部常识知识对模型的负面影响。

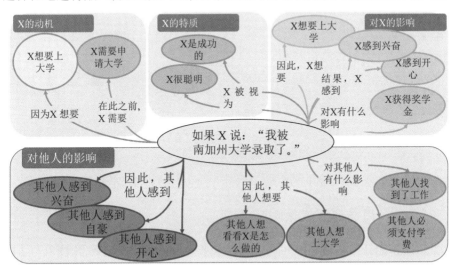

图 5.2　COMET 模型生成的常识知识示例

本章研究的主要贡献如下:

（1）提出了一种自适应集成策略来解决情绪预测任务中的情绪反应多样性问题。

（2）提出了一种选择性知识融合策略，对外部常识知识有选择性地进行融入，从而减少冗余和错误的外部常识知识对模型的负面影响。

（3）在 3 个基准多轮对话数据集上进行了实验。结果表明，我们提出的模型在加权宏平均 F_1 指标上有显著提升。

5.2　自适应集成模型

基于情绪反应多样性的自适应集成模型总体框架如图 5.3 所示。该模型利用自适应集成策略解决情绪反应的多样性问题，在此基础上，利用选择性知识融合策略将外部常识知识有效地融入模型中，以进一步提升模型的性能。

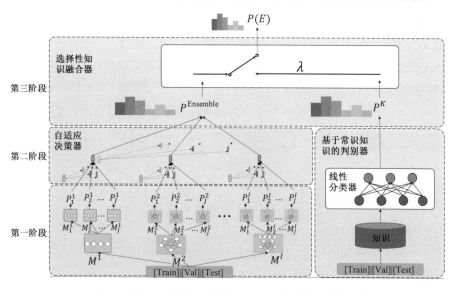

图 5.3　基于情绪反应多样性的自适应集成模型总体框架

5.2.1　自适应集成策略

情绪预测任务需要在不知道参与者未来确切回复的情况下，预测参与者的情绪反应，而符合上下文的回复可能有多个。同样，符合语境的情绪反应也可能存在多种。针对对话情绪预测任务中的情绪反应多样性问题，提出了自适应集成策略。首先设计多个不同结构的基础预测模型，针对其中每个基础模型使用多组不同参数进行初始化,这样就得到了多组具有不同结构或者参数的基础模型。然后利用这些基础模型对样本进行情绪预测,得到了多种不同的预测结果。这个过程模拟了对话情绪预测任务中的情绪反应多样性特征。最终设计一个自适应决策器,自动从多种不同的预测结果中选择最符合当前上下文语境的预测结果。

1.基础模型

本书提出的自适应集成策略是建立在多个基础模型之上的,首先介绍所使用的多个基础模型。在多轮对话数据建模中,常用的方法有基于序列结构和基于图结构的模型。在第 4 章中,介绍了用于情绪预测任务的基于序列结构和基于图结构的对话者感知模型,以及显著优于其他已有的基于序列结构或图结构的基线方法。本章依然使用第 4 章中所提出的基于序列结构和图结构的对话者感知模型,并将其作为本章的基础模型。具体而言,将 4.2.2 小节中介绍的基于序列结构的对话者感知模型记为 EmoInferS,将 4.2.3 小节中介绍的基于图结构的对话者感知模型记为 EmoInferG,将二者的结合记为 EmoInferSG。因此,本章使用的基础模型有 3 种:

(1) EmoInferS:基于序列结构的对话者感知模型。

$$es_{m+1} = \text{EmoInferS}((U_1,p_1),(U_2,p_2),\cdots,(U_t,p_t),\cdots,(U_m,p_m),p_{m+1})$$

$$\tag{5.1}$$

$$P(E_{m+1}^a)^{\text{EmoInferS}} = \text{softmax}(\boldsymbol{W}_c^{\text{T}}(es_{m+1}) + b) \tag{5.2}$$

(2) EmoInferG:基于图结构的对话者感知模型。

$$eg_{m+1} = \text{EmoInferG}((U_1,p_1),(U_2,p_2),\cdots,(U_t,p_t),\cdots,(U_m,p_m),p_{m+1})$$

$$\tag{5.3}$$

$$P(E_{m+1}^a)^{\text{EmoInferG}} = \text{softmax}(\boldsymbol{W}_c^{\text{T}}(eg_{m+1}) + b) \tag{5.4}$$

(3) EmoInferSG:基于序列结构和图结构相结合的对话者感知模型。

$$\text{EmoInferSG} = \text{EmoInferS} + \text{EmoInferG} \tag{5.5}$$

$$P(E_{m+1}^a)^{\text{EmoInferSG}} = \text{softmax}(\boldsymbol{W}_c^{\text{T}}(es_{m+1} + eg_{m+1}) + b) \tag{5.6}$$

其中,es_{m+1} 和 eg_{m+1} 分别为基于序列结构的对话者感知模型和基于图结构的对话者感知模型的输出向量,将上述 3 种基础模型的输出向量分别输入到线性分类器中,得到 3 种基础模型的情绪预测概率值:$P(E_{m+1}^a)^{\text{EmoInferS}}$、$P(E_{m+1}^a)^{\text{EmoInferG}}$

和 $P(E_{m+1}^a)^{\text{EmoInferSG}}$；$\boldsymbol{W}_c$ 是线性分类器的权重，$\boldsymbol{W}_c \in \mathbb{R}^{F \times C}$；$C$ 是情绪类别的总个数。

2.集成过程

传统的集成方法使用投票集成策略，将多个模型的输出结果进行投票，得票最多的答案作为最终的预测结果。然而，对于情绪预测任务中的某些样例，往往只有少数模型可以正确预测，大多数模型投票的结果往往不是最优结果。因此，针对多轮对话情绪预测任务，本书提出了一种自适应集成策略方法。该方法可以根据输入的多种候选预测结果及不同的模型结构参数，自动学习各个基础模型的贡献权重，从而自适应地选择最适合当前样本的基础模型所对应的预测结果。下面详细介绍自适应集成策略。

（1）第一阶段。利用多个基础模型来产生多种不同预测结果，以此模拟情绪反应的多样性。

给定 I 个结构不同的基础情绪预测模型，如 EmoInferS、EmoInferG 和 EmoInferSG 等，记为 $(M^1, M^2, \cdots, M^I)$。然后，将每个基础模型 M^i 复制 J 次，并且使用不同随机种子对其进行随机初始化。对于基础模型 M^i，得到了 J 个结构相同但初始化参数不同的基础模型 $(M_1^i, M_2^i, \cdots, M_J^i)$。将 I 个结构不同的基础模型 $(M^1, M^2, \cdots, M^I)$ 都执行上述随机初始化操作，最终得到了 $I * J$ 个结构或初始化参数不同的基础模型，并将它们记为 $\{(M_1^1, M_2^1, \cdots, M_J^1), (M_1^2, M_2^2, \cdots, M_J^2), \cdots, (M_1^i, M_2^i, \cdots, M_J^i), \cdots, (M_1^I, M_2^I, \cdots, M_J^I)\}$。

另外，给定数据集 $S = \{(x_1, y_1), (x_2, y_2), \cdots, (x_N, y_N)\}$，数据集中的样本记为 (x, y)。其中，x 是样本的输入特征；y 是样本的标签。将数据集切分为训练集、验证集和测试集，分别记为 [Train]、[Val]、[Test]。

将上述 $I * J$ 个不同的基础模型分别在训练集 [Train] 上进行训练，并根据验证集 [Val] 保留最优的模型参数组合。这个过程可以形式化表示为

$$M_j^i \xleftarrow{\text{train}} M_j^i([\text{Train}], [\text{Val}]), \quad (i = 1, 2, \cdots, I; j = 1, 2, \cdots, J) \qquad (5.7)$$

使用上述 $I * J$ 个训练好的基础模型来对训练集 [Train]、验证集 [Val] 和测试集 [Test] 中每个样本 (x, y) 进行测试。对于数据集中每个样本 (x, y)，得到了 $I * J$ 个不同模型输出的概率分布 $\{(P_1^1, P_2^1, \cdots, P_J^1), (P_1^2, P_2^2, \cdots, P_J^2), \cdots, (P_1^i, P_2^i, \cdots, P_J^i), \cdots, (P_1^I, P_2^I, \cdots, P_J^I)\}$。此过程可以形式化表

示为

$$P_j^i \xleftarrow{\text{test}} M_j^i([\text{Train}],[\text{Val}],[\text{Test}]),\quad (i=1,2,\cdots,I;j=1,2,\cdots,J)\ (5.8)$$

可以看出,通过上述过程,对于数据集中的每个样本 (x,y),都产生了 $I*J$ 个不同的预测结果 $\{(P_1^1,\ P_2^1,\ \cdots,\ P_J^1),\ (P_1^2,\ P_2^2,\ \cdots,\ P_J^2),\ \cdots,\ (P_1^i,\ P_2^i,\ \cdots,\ P_J^i),\ \cdots,\ (P_1^I,\ P_2^I,\ \cdots,\ P_J^I)\}$。这个过程模拟了对话情绪预测任务中的情绪反应多样性问题:对于一个话语,对话者的情绪反应可能有多种。我们使用上述多个不同的输出概率来表示对话者可能会出现的多种情绪反应。

(2) 第二阶段。训练一个自适应决策器,自动从多个不同的预测概率中选择一个最符合当前上下文语境的答案。首先,利用上述步骤输出的概率分布来重新构造训练集、验证集和测试集。在第一阶段中,对于数据集中的每个样本 (x,y),得到了 $I*J$ 个概率分布 $\{(P_1^1,\ P_2^1,\ \cdots,\ P_J^1),\ (P_1^2,\ P_2^2,\ \cdots,\ P_J^2),\ \cdots,\ (P_1^i,\ P_2^i,\ \cdots,\ P_J^i),\ \cdots,\ (P_1^I,\ P_2^I,\ \cdots,\ P_J^I)\}$。将原始样本 (x,y) 中的样本特征 x 替换为这 $I*J$ 个概率分布,样本标签 y 保持不变。这样,原始样本 (x,y) 所对应的新的样本表示为 $(\{(P_1^1,\ P_2^1,\ \cdots,\ P_J^1),\ (P_1^2,\ P_2^2,\ \cdots,\ P_J^2),\ \cdots,\ (P_1^i,\ P_2^i,\ \cdots,\ P_J^i),\ \cdots,\ (P_1^I,\ P_2^I,\ \cdots,\ P_J^I)\},\ y)$。并且,将新构建的训练集、验证集和测试集分别记作 $[\text{Train}']$、$[\text{Val}']$、$[\text{Test}']$。此过程可以形式化表示为

$$(P_j^i,y)\leftarrow(x,y),\quad (i=1,2,\cdots,I;j=1,2,\cdots,J) \tag{5.9}$$

$$[\text{Train}'],[\text{Val}'],[\text{Test}']\leftarrow[\text{Train}],[\text{Val}],[\text{Test}] \tag{5.10}$$

设计一个自适应决策器,记为 AdaptiveDecisionMaker,并将其在新构建的训练集 $[\text{Train}']$ 上进行训练。此过程可以形式化表示为

$$\text{AdaptiveDecisionMaker} \xleftarrow{\text{train}} \text{AdaptiveDecisionMaker}([\text{Train}'],[\text{Val}'])$$

$$\tag{5.11}$$

使用训练好的自适应决策器来对训练集 $[\text{Train}']$、验证集 $[\text{Val}']$ 和测试集 $[\text{Test}']$ 中的样本进行测试,最终得到每个样本的自适应集成概率分布 P^{Ensemble},为下一阶段的知识融合作准备:

$$P^{\text{Ensemble}} \xleftarrow{\text{test}} \text{AdaptiveDecisionMaker}([\text{Train}'],[\text{Val}'],[\text{Test}']) \tag{5.12}$$

3.自适应决策器

上文使用了一个自适应决策器自动学习如何根据多个概率分布来选择最符合当前上下文语境的答案,并做出最终决策。下面就如何构建自适应决策器

进行详细介绍。对于数据集中每个样本(x,y)的输入特征x,首先使用$I*J$个基础模型生成了$I*J$个概率分布$\{(P_1^1,P_2^1,\cdots,P_J^1),(P_1^2,P_2^2,\cdots,P_J^2),\cdots,(P_1^i,P_2^i,\cdots,P_J^i),\cdots,(P_1^I,P_2^I,\cdots,P_J^I)\}$,其中,$P_j^i\in\mathbb{R}^C$;$C$是类别的总个数。然后,设计了一个自适应决策器将这$I*J$个概率分布进行集成,得到最终的集成概率分布。设计了4种可以用于对话情绪预测任务的自适应决策器:

(1) CNN-based AdaptiveDecisionMaker,基于卷积神经网络的自适应决策器。将上述$I*J$个概率分布进行拼接,然后输入到一个卷积核为$(3,4,5)$,隐层维度为50,带有softmax层的卷积神经网络分类器中,自动学习如何决策,并输出最终的决策概率分布P^{Ensemble}:

$$P^{\text{Cat}IJ}=[P_1^1\mid\mid P_2^1\mid\mid\cdots\mid\mid P_J^1\mid\mid\cdots\mid\mid P_1^I\mid\mid P_2^I\mid\mid\cdots P_J^I] \tag{5.13}$$

$$P^{\text{Ensemble}}=\text{CNN}(P^{\text{Cat}IJ}) \tag{5.14}$$

其中,$\mid\mid$是向量拼接操作;$P^{\text{Cat}IJ}\in\mathbb{R}^{(I*J)\times C}$;$P^{\text{Ensemble}}\in\mathbb{R}^C$。

(2) Linear-based AdaptiveDecisionMaker,基于线性分类器的自适应决策器。其计算过程与基于卷积神经网络的自适应决策器类似:

$$P^{\text{Ensemble}}=\text{softmax}(\text{ReLU}(\boldsymbol{W}_f^{\text{T}}(P^{\text{Cat}IJ})+b)) \tag{5.15}$$

其中,$P^{\text{Cat}IJ}\in\mathbb{R}^{(I*J)\times C}$;$P^{\text{Ensemble}}\in\mathbb{R}^C$;$\boldsymbol{W}_f$是线性层的权重参数,$\boldsymbol{W}_f\in\mathbb{R}^{(I*J)}$。

(3) Hierarchical Linear-based AdaptiveDecisionMaker,基于层级线性分类器的自适应决策器。首先,对于那些结构相同的基础模型M^i输出的概率分布$(P_1^i,P_2^i,\cdots,P_J^i)$,使用第一级线性转换层进行集成,得到集成后的中间向量h^i。因此,对于I种结构不同的基础模型$(M^1,M^2,\cdots,M^i,\cdots,M^I)$,都使用第一级线性转换层进行集成,得到了$I$个中间向量$(h^1,h^2,\cdots,h^i,\cdots,h^I)$。然后,使用第二级线性转换层对这$I$个中间向量再次进行集成,得到最终的集成概率分布$P^{\text{Ensemble}}$:

$$h^i=(\boldsymbol{W}_{f1}^{\text{T}}([P_1^i\mid\mid P_2^i\mid\mid\cdots\mid\mid P_J^i])+b),\quad i\in\{1,2,\cdots,I\} \tag{5.16}$$

$$P^{\text{Ensemble}}=\text{softmax}(\text{ReLU}(\boldsymbol{W}_{f2}^{\text{T}}([h^1\mid\mid h^2\mid\mid\cdots\mid\mid h^I])+b)) \tag{5.17}$$

其中,$h^i\in\mathbb{R}^C$;$([P_1^i\mid\mid P_2^i\mid\mid\cdots\mid\mid P_J^i])\in\mathbb{R}^{J\times C}$;$[h^1\mid\mid h^2\mid\mid\cdots\mid\mid h^I]\in\mathbb{R}^{I\times C}$;$\boldsymbol{W}_{f1}$为第一级线性转换层的权重参数,$\boldsymbol{W}_{f1}\in\mathbb{R}^J$;$\boldsymbol{W}_{f2}$为第二级线性转换层的权重参数,$\boldsymbol{W}_{f2}\in\mathbb{R}^I$;$P^{\text{Ensemble}}\in\mathbb{R}^C$。

(4) Hierarchical Attention-based AdaptiveDecisionMaker,基于层级注意力

的自适应决策器。其基本思想为,利用注意力机制自动学习每种概率分布的权重,自动判断哪个模型的输出概率分布为最优的预测结果。与基于层级线性分类器的自适应决策器类似,基于层级注意力的自适应决策器也使用了层级结构来进行集成:

$$\alpha_1^i, \alpha_2^i, \cdots, \alpha_J^i = \mathrm{softmax}(\boldsymbol{W}_{a1}^{\mathrm{T}}([P_1^i \mid\mid P_2^i \mid\mid \cdots \mid\mid P_J^i])) \qquad (5.18)$$

$$h^i = \sum_{j \in \{1,2,\cdots,J\}} \alpha_j^i \cdot P_j^i, i \in \{1, 2, \cdots, I\} \qquad (5.19)$$

$$\alpha^1, \alpha^2, \cdots, \alpha^I = \mathrm{softmax}(\boldsymbol{W}_{a2}^{\mathrm{T}}([h^1 \mid\mid h^2 \mid\mid \cdots \mid\mid h^I])) \qquad (5.20)$$

$$P^{\mathrm{Ensemble}} = \sum_{i \in \{1,\cdots,I\}} \alpha^i \cdot h^i \qquad (5.21)$$

其中,$\boldsymbol{W}_{a1}$ 为第一层的注意力权重参数,$\boldsymbol{W}_{a1} \in \mathbb{R}^C$;$\alpha_1^i, \alpha_2^i, \cdots, \alpha_J^i$ 为第一层注意力系数;$\boldsymbol{W}_{a2}$ 为第二层的注意力权重参数,$\boldsymbol{W}_{a2} \in \mathbb{R}^C$;$\alpha^1, \alpha^2, \cdots, \alpha^I$ 为第二层注意力系数;P^{Ensemble} 是集成模型所预测的最终概率分布,$P^{\mathrm{Ensemble}} \in \mathbb{R}^C$。

5.2.2　选择性知识融合策略

由于缺乏常识知识,机器的推理能力仍然非常有限。在第 4 章中,尝试了将外部常识知识表示为向量,然后通过向量相加的方式直接融合到情绪预测模型中。尽管融入外部常识知识给模型带来了一定的提升,但这种简单的知识融合方法并没有考虑到外部常识知识中冗余的、不相关的和错误的信息给模型带来的负面影响。这些噪声信息可能会降低外部知识对模型的提升效果,甚至会使模型原本的预测能力下降。因此,本章设计了一种选择性的知识融合策略,自动学习如何有选择性地融入外部知识,以减少对外部知识的滥用,最大限度地发挥外部知识的作用。

1.基于常识知识的判别器

使用 COMET 模型来生成对话相关的外部常识知识,记为 x^K。将外部常识知识 x^K 输入到线性分类器中,对样本进行情绪预测,并输出基于常识知识的概率分布 P^K:

$$x^K = \mathrm{COMET}(x) \qquad (5.22)$$

$$P^K = \mathrm{softmax}(\mathrm{ReLU}(\boldsymbol{W}_k^{\mathrm{T}}(x^K) + b)) \qquad (5.23)$$

其中,x^K 是从 COMET 模型生成的常识知识向量,$x^K \in \mathbb{R}^H$;$H = 768$ 是常识知识向量的维度;$\boldsymbol{W}_k$ 是线性分类器的权重参数,$\boldsymbol{W}_k \in \mathbb{R}^{H \times C}$;$C$ 是情绪类别的总个

数;P^K是基于常识知识的情绪预测概率分布,$P^K \in \mathbb{R}^C$。

以上过程可以简化为,首先设计一个基于常识知识的判别器 CommonsenseBasedClassifier,然后使用训练集[Train]去训练这个基于常识知识的判别器,最终使用训练好的判别器去测试数据集中的每一个样本:

$$\text{CommonsenseBasedClassifier} \overset{train}{\leftarrow} \text{CommonsenseBasedClassifier}([\text{Train}],[\text{Val}])$$
(5.24)

$$P^K \overset{test}{\leftarrow} \text{CommonsenseBasedClassifier}([\text{Train}],[\text{Val}],[\text{Test}])$$ (5.25)

2.选择性知识融合器

通过自适应模型集成策略,可以得到数据集中每个样本的情绪预测概率分布 P^{Ensemble}。通过常识知识判别器,可以得到每个样本的情绪预测概率分布 P^K。由于常识知识中存在错误信息,那么基于常识知识得到的预测结果 P^K 也就不一定准确。 因此, 设计了一个选择性知识融合器 SelectiveKnowledgeIntegrator,用于有选择性地融合基于常识知识的预测结果 P^K。

根据数据集中每个样本的输出概率分布 P^{Ensemble} 和 P^K 重新构建数据集。对于原始数据集中的每个样本(x,y),将样本特征替换成2个概率分布 P^{Ensemble} 和 P^K,样本标签 y 保持不变。这样,原始样本(x,y)所对应的新样本可以表示为$((P^{\text{Ensemble}},P^K),y)$。并且,将新构建的训练集、验证集和测试集分别记作 $[\text{Train}'']$、$[\text{Val}'']$、$[\text{Test}'']$。此过程可以形式化表示为

$$((P^{\text{Ensemble}},P^K),y) \leftarrow (x,y)$$ (5.26)

$$[\text{Train}''],[\text{Val}''],[\text{Test}''] \leftarrow [\text{Train}],[\text{Val}],[\text{Test}]$$ (5.27)

使用选择性知识融合器在新构建的训练集和验证集上进行训练,并且在测试集上进行测试,得到最终的预测结果 P。此过程可以形式化表示为

$$\text{SelectiveKnowledgeIntegrator} \overset{train}{\leftarrow} \text{SelectiveKnowledgeIntegrator}([\text{Train}''],[\text{Val}''])$$
(5.28)

$$P \overset{test}{\leftarrow} \text{SelectiveKnowledgeIntegrator}([\text{Test}''])$$ (5.29)

设计了4种选择性知识融合器来对2个概率分布 P^{Ensemble} 和 P^K 进行融合。

（1）Addition-based SelectiveKnowledgeIntegrator,基于向量相加的选择性

知识融合器。直接将 2 个概率分布进行相加,然后通过一个线性分类器得到最终的概率分布 P:

$$P = \text{softmax}(\boldsymbol{W}_c^{\text{T}}(P^{\text{Ensemble}} + P^K) + b) \qquad (5.30)$$

其中, $\boldsymbol{W}_c$ 为线性分类器的权重参数, $\boldsymbol{W}_c \in \mathbb{R}^1$。

（2）Weighted Addition-based SelectiveKnowledgeIntegrator,基于加权相加的选择性知识融合器。将 2 个概率分布进行加权相加,然后通过一个线性分类器得到最终的概率分布 P:

$$P = \text{softmax}(\boldsymbol{W}_c^{\text{T}}(\boldsymbol{W}_{c1}^{\text{T}} \cdot P^{\text{Ensemble}} + \boldsymbol{W}_{c2}^{\text{T}} \cdot P^K) + b) \qquad (5.31)$$

其中, $\boldsymbol{W}_{c1}$、$\boldsymbol{W}_{c2}$、$\boldsymbol{W}_{c3}$ 均为权重参数, $\boldsymbol{W}_{c1} \in \mathbb{R}^{C \times C}, \boldsymbol{W}_{c2} \in \mathbb{R}^{C \times C}, \boldsymbol{W}_c \in \mathbb{R}^1$。

（3）Gate-based SelectiveKnowledgeIntegrator,基于门控机制的选择性知识融合器。设计了一种门控机制,使用输入门 i 来控制基于常识知识的概率分布 P^K 融入 P^{Ensemble} 中:

$$i = \text{sigmoid}(\boldsymbol{W}_{c1}^{\text{T}} P^{\text{Ensemble}} + b) \qquad (5.32)$$

$$P = \text{softmax}(\boldsymbol{W}_c^{\text{T}}(P^{\text{Ensemble}} + i \cdot P^K) + b) \qquad (5.33)$$

其中, $\boldsymbol{W}_{c1}$、$\boldsymbol{W}_c$ 均为权重参数, $\boldsymbol{W}_{c1} \in \mathbb{R}^{C \times C}, \boldsymbol{W}_c \in \mathbb{R}^1$; i 为输入门, $i \in \mathbb{R}^C$。

（4）Entropy Threshold-based SelectiveKnowledgeIntegrator,基于熵阈值的选择性知识融合器。此方法以集成模型所输出的概率分布的熵来作为衡量测试样本的难易度的指标。那些熵值小的测试样本被当作情绪预测任务的简单样例,即模型认为自身有足够的自信能将这些样本正确分类。那些熵值大的测试样本则被当作困难样例,模型没有足够的自信能将其正确分类,此时,才考虑引入外部常识知识。其中,判断样本难易度的熵的阈值 Threshold 需要根据不同的数据集以及不同的模型来人工进行调整。基于熵阈值的选择性知识融合器方法可以形式化表示为

$$P = \text{softmax}(\boldsymbol{W}_c^{\text{T}}(P^{\text{Ensemble}} + \lambda \cdot P^K) + b) \qquad (5.34)$$

$$\lambda = \begin{cases} 1, & \text{Entropy}(P^{\text{Ensemble}}) > \text{Threshold} \\ 0, & \text{Entropy}(P^{\text{Ensemble}}) \leqslant \text{Threshold} \end{cases} \qquad (5.35)$$

其中, $\boldsymbol{W}_c$ 为权重参数, $\boldsymbol{W}_c \in \mathbb{R}^1$; Entropy( ) 为计算概率分布熵值的函数; Threshold 为人工设定的判断样本难易度的熵的阈值。

5.3　实　　验

与第4章相同,本章使用了3个多轮对话数据集验证所提的模型的有效性: IEMOCAP、MELD 和 EmoryNLP。

5.3.1　实验设置

按照标准程序对对话中的句子进行预处理,包括分词、字母小写化、填充较短的句子以及剪枝较长的句子等。最大句子长度设置为250。文章使用 16 的批量大小、0.001 的学习率和0.2的暂退率来训练模型。使用交叉熵作为模型的优化目标函数,优化算法是 Adam。隐层大小 F 设置为100。所有模型都训练60 轮,并使用在开发集上取得最佳结果的模型参数进行测试。其他超参数则使用网格搜索法进行优化。

5.3.2　模型变体

我们提出的基于情绪反应多样性的自适应集成模型存在以下变体:

(1)EmoInferS:基于序列的对话者感知情绪预测基础模型。

(2)EmoInferG:基于图的对话者感知情绪预测基础模型。

(3)EmoInferSG:基于序列和图融合的对话者感知情绪预测基础模型。

(4)EmoInferS(Ensemble):采用自适应集成策略,对多个基于序列的对话者感知情绪预测基础模型进行集成。

(5)EmoInferG(Ensemble):采用自适应集成策略,对多个基于图的对话者感知情绪预测基础模型进行集成。

(6)EmoInferSG(Ensemble):采用自适应集成策略,对多个基于序列和图融合的对话者感知情绪预测基础模型进行集成。

(7)EmoInfer(S,G,SG)(Ensemble):采用自适应集成策略,对多个基于序列的、基于图的、基于序列和图融合的对话者感知情绪预测基础模型进行集成。

(8)EmoInferS(+ Knowledge):基于序列的对话者感知情绪预测基础模型,并且使用选择性知识融合策略融合了外部常识知识。

（9）EmoInferG（+ Knowledge）：基于图的对话者感知情绪预测基础模型，并且使用选择性知识融合策略融合了外部常识知识。

（10）EmoInferSG（+ Knowledge）：基于序列和图融合的对话者感知情绪预测基础模型，并且使用选择性知识融合策略融合了外部常识知识。

（11）EmoInferS（Ensemble）（+ Knowledge）：采用自适应集成策略，对多个基于序列的对话者感知情绪预测基础模型进行集成，并且使用选择性知识融合策略融合了外部常识知识。

（12）EmoInferG（Ensemble）（+ Knowledge）：采用自适应集成策略，对多个基于图的对话者感知情绪预测基础模型进行集成，并且使用选择性知识融合策略融合了外部常识知识。

（13）EmoInferSG（Ensemble）（+ Knowledge）：采用自适应集成策略，对多个基于序列和图融合的对话者感知情绪预测基础模型进行集成，并且使用选择性知识融合策略融合了外部常识知识。

（14）EmoInfer（S,G,SG）（Ensemble）（+ Knowledge）：采用自适应集成策略，对多个基于序列的、基于图的、基于序列和图融合的对话者感知情绪预测基础模型进行集成，并且使用选择性知识融合策略融合了外部常识知识。

以上模型在 2 种特征 GloVe-based 和 RoBERTa-based 上都进行了比较。带有和不带有外部常识知识的模型分别记为 with K 和 w/o K。集成模型（Ensemble）和融入知识的模型（+ Knowledge）分别简记为（E）和（+ K）。

5.3.3　实验结果及分析

本书提出的模型在 3 个基准多轮对话数据集上与基线方法进行了比较，评估指标为加权宏平均 F_1 值 Weighted Macro − F_1，最优结果以粗体显示。结果见表 5.1 ~ 5.3。总体来看，基于情绪反应多样性的自适应集成模型取得了最优的结果，证明了所提方法的有效性。

表 5.1 IEMOCAP 数据集的实验结果

IEMOCAP 数据集

基座	外部知识	模型	快乐 (happy)		悲伤 (sad)		中性 (neutral)		愤怒 (angry)		兴奋 (excited)		沮丧 (frustrated)		$W-F_1$
			ACC.	F_1	ACC.	F_1	ACC.	F_1	ACC.	F_1	ACC.	F_1	ACC.	F_1	
GloVe-based	w/o K	CNN	42.50	38.78	46.04	48.51	33.26	35.54	46.41	51.19	61.71	46.55	45.71	46.65	44.09
		sc-LSTM	41.94	33.05	75.12	70.95	51.70	45.65	57.92	60.06	60.81	68.29	51.48	55.19	56.22
		DialogueRNN	47.22	31.63	78.60	74.61	52.28	49.07	62.00	58.13	62.91	70.14	52.39	57.48	58.12
		DialogueGCN	49.04	41.30	60.87	67.78	51.56	45.08	64.06	55.03	60.80	68.67	56.42	57.66	56.48
		DialogueInfer – S	47.44	49.50	71.00	64.84	57.38	56.91	55.85	58.66	76.32	73.15	56.73	59.30	61.14
		DialogueInfer – G	45.30	50.62	69.29	69.73	56.80	53.49	59.76	58.68	72.88	65.52	57.40	61.54	60.32
		DialogueInfer – (S + G)	42.31	44.15	65.65	64.53	56.99	56.45	61.99	62.17	76.21	63.43	56.90	62.56	59.89
		DialogueInfer – S (E)	57.50	52.47	77.42	67.92	61.11	56.90	55.78	60.16	71.43	73.70	55.38	60.36	62.37
		DialogueInfer – G (E)	44.51	49.85	70.78	71.52	57.62	54.00	56.82	57.80	74.03	65.77	56.71	60.34	60.30
		DialogueInfer – (S + G) (E)	48.65	49.48	69.91	68.10	63.39	60.17	61.14	62.03	75.58	71.30	57.91	62.73	63.22
		DialogueInfer – (S, G, S + G) (E)	57.52	50.78	79.15	74.39	65.93	60.67	59.89	61.10	70.48	73.51	58.39	63.89	64.98

续表5.1

基座	外部知识	模型	快乐 (happy)		悲伤 (sad)		中性 (neutral)		愤怒 (angry)		兴奋 (excited)		沮丧 (frustrated)		$W-F_1$
			ACC.	F_1	ACC.	F_1	ACC.	F_1	ACC.	F_1	ACC.	F_1	ACC.	F_1	
GloVe-based	with K	DialogueInfer-S (+K)	47.97	48.80	73.66	68.17	58.45	57.57	55.56	58.50	75.90	74.43	56.93	59.17	61.91
		DialogueInfer-G (+K)	45.25	50.31	69.46	69.60	58.20	54.10	59.04	58.33	73.06	67.04	56.82	60.98	60.52
		DialogueInfer-(S+G) (+K)	46.26	46.90	69.01	69.58	60.00	58.17	60.00	60.87	74.66	64.71	58.64	64.04	61.74
		DialogueInfer-S (E) (+K)	55.56	50.00	79.17	70.70	61.64	56.81	58.99	60.34	70.75	74.14	55.86	61.72	62.97
		DialogueInfer-G (E) (+K)	47.62	51.45	70.49	71.37	57.49	53.79	57.23	57.73	72.76	66.92	56.22	59.95	60.48
		DialogueInfer-(S+G) (E) (+K)	48.67	49.83	70.80	68.97	63.99	60.73	61.40	61.58	75.38	71.40	57.68	62.48	63.43
		DialogueInfer-(S,G,S+G) (E) (+K)	58.93	51.76	79.15	74.39	66.14	61.07	60.34	61.05	71.16	74.67	58.42	63.80	65.34

IEMOCAP 数据集

续表5.1

IEMOCAP 数据集

基座	外部知识	模型	快乐 (happy)		悲伤 (sad)		中性 (neutral)		愤怒 (angry)		兴奋 (excited)		沮丧 (frustrated)		$W-F_1$
			ACC.	F_1	ACC.	F_1	ACC.	F_1	ACC.	F_1	ACC.	F_1	ACC.	F_1	
(Ro)BERT(a)-based		RoBERTa	23.96	19.25	43.52	51.62	40.42	38.24	53.60	45.42	46.69	42.56	47.54	51.45	43.24
		RoBERTa sc-LSTM	48.21	42.35	75.91	72.93	51.09	53.64	56.45	58.99	68.83	61.15	55.79	59.36	58.81
		RoBERTa DialogueRNN	46.97	54.55	65.91	69.32	56.50	58.55	57.49	56.97	73.73	63.24	57.23	54.55	59.53
	w/o K	DialogueInfer-S	49.48	40.00	74.56	72.96	64.53	64.79	50.87	58.50	69.20	69.20	60.86	60.29	62.84
		DialogueInfer-G	34.33	40.12	63.86	69.60	67.21	60.56	56.29	52.96	68.59	67.14	58.71	58.17	59.89
		DialogueInfer-(S+G)	44.96	42.65	70.48	68.82	62.63	64.58	67.10	64.00	72.37	68.13	62.15	65.84	64.13
		DialogueInfer-S (E)	54.44	42.06	77.23	74.89	69.91	66.67	53.95	61.81	68.15	73.28	64.27	63.84	65.69
		DialogueInfer-G (E)	55.47	52.40	70.20	71.22	64.61	58.53	52.55	56.28	70.06	72.97	56.86	58.39	62.22
		DialogueInfer-(S+G) (E)	49.04	41.30	73.28	72.34	66.58	66.76	60.48	59.94	69.01	71.76	62.94	64.71	65.00
		DialogueInfer-(S,G,S+G) (E)	56.25	40.36	78.90	75.44	68.88	66.48	64.15	62.01	66.10	72.78	62.21	66.34	66.11

续表5.1

IEMOCAP 数据集

基座	外部知识	模型	快乐 (happy)		悲伤 (sad)		中性 (neutral)		愤怒 (angry)		兴奋 (excited)		沮丧 (frustrated)		$W - F_1$
			ACC.	F_1	ACC.	F_1	ACC.	F_1	ACC.	F_1	ACC.	F_1	ACC.	F_1	
(Ro)BERT(a)-based		COMET	23.94	23.86	39.37	44.85	35.29	33.71	41.73	35.69	40.07	41.28	42.66	41.57	37.95
		COSMIC	48.61	48.78	76.96	71.04	57.77	55.26	72.57	57.95	68.24	69.06	55.06	62.24	61.50
	with K	DialogueInfer–S (+K)	51.00	41.98	75.22	73.28	66.67	65.57	53.71	61.65	70.49	70.36	61.44	62.16	64.24
		DialogueInfer–G (+K)	35.90	41.42	65.59	70.79	67.32	60.77	55.77	53.37	68.57	67.49	59.31	58.99	60.54
		DialogueInfer–(S+G) (+K)	45.97	42.70	70.89	70.74	63.82	65.09	67.95	65.03	71.97	68.72	63.21	66.67	64.95
		DialogueInfer–S (E) (+K)	54.02	40.87	78.73	75.82	68.80	66.01	57.69	63.49	68.48	73.02	63.28	65.13	66.01
		DialogueInfer–G (E) (+K)	50.00	47.62	74.55	72.29	65.79	59.17	56.59	58.52	67.38	71.64	56.84	59.95	62.48
		DialogueInfer–(S+G) (E) (+K)	51.55	41.67	75.00	73.39	67.58	66.85	64.74	61.96	68.97	72.37	62.15	65.84	65.80
		DialogueInfer–(S,G,S+G) (E) (+K)	54.88	40.00	78.64	75.55	69.50	66.48	66.89	62.93	66.48	72.73	62.36	67.55	66.47

表 5.2 MELD 数据集的实验结果

MELD 数据集

基座	外部知识	模型	中性 (neutral)		惊讶 (surprise)		恐惧 (fear)		悲伤 (sadness)		喜悦 (joy)		厌恶 (disgust)		愤怒 (anger)		$W - F_1$
			ACC.	F_1	ACC.	F_1	ACC.	F_1	ACC.	F_1	ACC.	F_1	ACC.	F_1	ACC.	F_1	
GloV-based	w/o K	CNN	50.56	60.93	14.77	12.12	0.00	0.00	10.71	2.79	22.71	19.65	0.00	0.00	28.12	19.23	36.31
		sc - LSTM	49.46	63.97	0.00	0.00	0.00	0.00	0.00	0.00	24.79	12.53	0.00	0.00	37.58	26.22	36.06
		DialogueRNN	50.12	59.19	15.93	9.84	0.00	0.00	16.84	11.35	24.51	20.29	11.76	5.00	28.75	25.18	36.93
		DialogueGCN	50.35	62.60	13.33	5.11	0.00	0.00	10.34	2.78	22.96	16.25	8.33	2.67	35.20	27.38	36.98
		DialogueInfer – S	50.55	62.70	19.74	9.12	0.00	0.00	19.51	7.02	25.58	13.55	0.00	0.00	33.72	30.74	37.76
		DialogueInfer – G	49.77	65.27	0.00	0.00	0.00	0.00	0.00	0.00	43.75	3.74	0.00	0.00	34.62	25.71	35.26
		DialogueInfer – (S + G)	50.47	62.48	25.00	14.16	0.00	0.00	27.91	10.43	24.77	18.53	9.09	2.70	31.29	20.22	37.92
		DialogueInfer – S (E)	50.84	64.13	21.05	9.73	0.00	0.00	37.93	10.19	32.65	14.04	0.00	0.00	34.42	28.30	38.52
		DialogueInfer – G (E)	49.46	64.99	0.00	0.00	0.00	0.00	0.00	0.00	46.15	3.23	0.00	0.00	35.39	25.93	35.08
		DialogueInfer – (S + G) (E)	50.78	63.56	22.86	9.91	0.00	0.00	31.71	11.40	26.58	16.28	0.00	0.00	33 68	25.70	38.36
		DialogueInfer – (S,G,S + G) (E)	50.74	64.74	25.49	8.55	0.00	0.00	41.18	6.86	29.00	12.66	0.00	0.00	37.70	28.86	38.28

续表5.2

基座	外部知识	模型	中性(neutral)		惊讶(surprise)		恐惧(fear)		悲伤(sadness)		喜悦(joy)		厌恶(disgust)		愤怒(anger)		W $-F_1$
			ACC.	F_1	ACC.	F_1	ACC.	F_1	ACC.	F_1	ACC.	F_1	ACC.	F_1	ACC.	F_1	
GloVe-based	with K	DialogueInfer-S(+K)	50.49	63.01	18.18	7.52	0.00	0.00	28.95	9.78	26.15	13.93	0.00	0.00	34.02	29.87	37.90
		DialogueInfer-G(+K)	49.79	65.23	0.00	0.00	0.00	0.00	0.00	0.00	41.18	3.73	0.00	0.00	34.41	25.91	35.27
		DialogueInfer-(S+G)(+K)	50.63	62.69	22.77	12.99	0.00	0.00	31.71	11.40	24.88	18.56	11.11	2.78	32.45	21.35	38.13
		DialogueInfer-S(E)(+K)	50.92	64.15	21.79	10.27	0.00	0.00	36.67	10.14	33.66	14.81	0.00	0.00	34.26	28.24	38.69
		DialogueInfer-G(E)(+K)	49.65	65.15	0.00	0.00	0.00	0.00	0.00	0.00	50.00	5.29	0.00	0.00	37.08	27.16	35.64
		DialogueInfer-(S+G)(E)(+K)	50.80	63.68	22.06	9.35	0.00	0.00	31.71	11.40	27.39	16.70	0.00	0.00	33.69	25.45	38.39
		DialogueInfer-(S,G,S+G)(E)(+K)	50.84	64.78	25.00	8.52	0.00	0.00	44.44	7.80	27.62	12.53	0.00	0.00	38.02	29.20	38.39

MELD 数据集

续表5.2

MELD 数据集

基座	外部知识	模型	中性 (neutral) ACC.	F_1	惊讶 (surprise) ACC.	F_1	恐惧 (fear) ACC.	F_1	悲伤 (sadness) ACC.	F_1	喜悦 (joy) ACC.	F_1	厌恶 (disgust) ACC.	F_1	愤怒 (anger) ACC.	F_1	$W-F_1$
(Ro)BERT(a)-based		RoBERTa	49.77	63.61	25.00	9.58	0.00	0.00	16.22	12.08	38.46	13.76	0.00	0.00	35.58	17.96	36.99
		RoBERTa sc-LSTM	50.36	62.32	0.00	0.00	0.00	0.00	18.48	12.19	27.17	17.70	0.00	0.00	35.54	31.27	37.71
		RoBERTa DialogueRNN	52.25	59.71	17.29	11.92	0.00	0.00	21.88	14.84	25.07	25.78	0.00	0.00	32.59	27.44	38.70
	w/o K	DialogueInfer-S	51.08	62.57	20.00	12.87	0.00	0.00	29.63	7.48	31.61	22.14	10.00	2.74	35.05	28.74	39.27
		DialogueInfer-G	51.12	57.43	17.07	15.28	6.67	3.39	20.00	12.50	25.75	23.44	14.29	2.86	32.75	31.60	38.12
		DialogueInfer-(S+G)	51.31	61.66	20.00	17.41	0.00	0.00	20.00	10.32	21.88	18.24	0.00	0.00	48.33	27.10	38.67
		DialogueInfer-S(E)	53.76	55.30	16.17	15.57	8.33	3.57	20.00	15.23	23.06	26.35	0.00	0.00	32.46	32.30	37.81
		DialogueInfer-G(E)	51.22	60.37	20.51	9.67	20.00	4.08	17.59	12.88	25.85	23.31	0.00	0.00	36.48	31.42	38.84
		DialogueInfer-(S+G)(E)	51.31	62.12	20.81	16.90	0.00	0.00	27.50	9.69	24.88	18.34	0.00	0.00	41.36	31.66	39.40
		DialogueInfer-(S,G,S+G)(E)	51.44	63.59	20.47	13.68	50.00	4.35	30.77	10.62	31.93	20.23	0.00	0.00	40.86	30.77	40.08

续表5.2

MELD 数据集

基座	外部知识	模型	中性 (neutral)		惊讶 (surprise)		恐惧 (fear)		悲伤 (sadness)		喜悦 (joy)		厌恶 (disgust)		愤怒 (anger)		W－F_1
			ACC.	F_1	ACC.	F_1	ACC.	F_1	ACC.	F_1	ACC.	F_1	ACC.	F_1	ACC.	F_1	
(Ro)BERT(a)-based		COMET	48.44	62.08	20.00	4.86	0.00	0.00	18.75	7.66	28.33	14.23	0.00	0.00	19.35	11.11	34.56
		COSMIC	52.17	60.50	17.48	10.11	0.00	0.00	23.91	20.31	27.01	25.11	0.00	0.00	34.19	29.52	39.46
	with K	DialogueInfer－S（+K）	50.99	62.43	20.97	13.79	0.00	0.00	31.03	8.33	31.79	22.42	16.67	2.90	35.21	28.79	39.43
		DialogueInfer－G（+K）	50.20	61.11	22.22	9.85	100.00	4.44	22.67	12.98	27.62	22.11	0.00	0.00	38.24	30.47	38.91
		DialogueInfer－(S+G)（+K）	50.29	62.94	21.90	12.85	0.00	0.00	26.67	10.34	25.47	18.95	0.00	0.00	57.89	27.30	38.92
		DialogueInfer－S（E）（+K）	52.25	56.91	17.39	14.65	14.29	3.92	19.74	11.41	24.15	26.72	0.00	0.00	31.45	30.12	37.95
		DialogueInfer－G（E）（+K）	51.22	60.28	20.51	9.67	20.00	4.08	18.02	13.42	26.01	23.55	0.00	0.00	36.32	31.37	38.87
		DialogueInfer－(S+G)（E）（+K）	51.00	63.61	20.83	11.46	0.00	0.00	33.33	6.73	31.55	21.65	0.00	0.00	43.43	31.47	39.77
		DialogueInfer－(S,G,S+G)（E）（+K）	51.32	63.53	20.66	13.37	50.00	4.35	32.43	10.71	32.93	20.95	0.00	0.00	40.96	31.05	40.17

表 5.3 EmoryNLP 数据集的实验结果

EmoryNLP 数据集

基座	外部知识	模型	喜悦 (joyful)		气愤 (mad)		平和 (peaceful)		中性 (neutral)		悲伤 (sad)		强大 (powerful)		恐惧 (scared)		W − F_1
			ACC.	F_1	ACC.	F_1	ACC.	F_1	ACC.	F_1	ACC.	F_1	ACC.	F_1	ACC.	F_1	
GloVe-based	w/o K	CNN	23.12	21.98	11.11	10.39	27.27	12.95	31.22	40.27	15.00	6.90	0.00	0.00	14.16	14.35	20.97
		sc − LSTM	22.97	24.70	14.58	10.77	11.11	1.74	30.56	41.52	6.25	2.41	8.00	3.54	15.62	7.04	19.75
		DialogueRNN	24.92	31.25	11.11	4.00	0.00	0.00	30.98	39.78	6.90	4.17	5.00	1.85	21.95	11.92	20.37
		DialogueGCN	22.35	21.05	13.46	10.45	9.52	3.15	30.20	39.95	15.38	5.00	8.62	6.85	12.35	10.47	19.59
		DialogueInfer − S	25.44	27.68	12.12	10.81	0.00	0.00	30.95	41.13	0.00	0.00	7.94	6.62	26.67	11.43	20.72
		DialogueInfer − G	24.31	25.92	29.63	23.53	0.00	0.00	30.31	42.60	0.00	0.00	0.00	0.00	7.69	1.63	20.08
		DialogueInfer − (S + G)	23.51	27.45	20.00	16.90	0.00	0.00	30.55	41.75	0.00	0.00	0.00	0.00	25.00	3.39	19.78
		DialogueInfer − S (E)	25.45	27.25	15.00	12.68	50.00	1.85	31.00	42.55	0.00	0.00	0.00	0.00	21.88	9.86	20.59
		DialogueInfer − G (E)	23.31	25.76	26.47	24.00	0.00	0.00	30.31	41.89	0.00	0.00	0.00	0.00	15.38	3.25	20.09
		DialogueInfer − (S + G) (E)	23.76	28.33	19.30	15.83	0.00	0.00	31.42	40.91	0.00	0.00	8.33	2.00	14.00	8.75	20.47
		DialogueInfer − (S,G,S + G) (E)	24.34	28.38	19.15	13.95	0.00	0.00	30.30	41.36	0.00	0.00	0.00	0.00	16.00	5.93	19.90

续表5.3

基座	外部知识	模型	喜悦 (joyful)		气愤 (mad)		平和 (peaceful)		中性 (neutral)		悲伤 (sad)		强大 (powerful)		恐惧 (scared)		$W-F_1$
			ACC.	F_1	ACC.	F_1	ACC.	F_1	ACC.	F_1	ACC.	F_1	ACC.	F_1	ACC.	F_1	
GloVe-based	with K	DialogueInfer-S (+K)	27.09	27.92	17.02	12.40	0.00	0.00	31.50	43.90	100.00	2.94	4.76	1.83	33.33	15.38	21.94
		DialogueInfer-G (+K)	24.88	25.76	27.27	19.05	0.00	0.00	30.33	43.14	0.00	0.00	0.00	0.00	25.00	4.92	20.20
		DialogueInfer-(S+G)(+K)	25.51	28.57	17.65	10.34	0.00	0.00	30.56	42.84	0.00	0.00	0.00	0.00	38.46	8.13	20.31
		DialogueInfer-S (E) (+K)	28.64	29.72	19.05	12.90	0.00	0.00	31.55	44.37	50.00	2.90	0.00	0.00	32.35	15.28	22.31
		DialogueInfer-G (E) (+K)	24.11	26.02	27.08	20.00	0.00	0.00	30.33	42.48	0.00	0.00	0.00	0.00	16.67	4.69	20.13
		DialogueInfer-(S+G)(E)(+K)	25.91	29.22	26.67	14.29	0.00	0.00	30.66	42.16	25.00	2.82	0.00	0.00	25.00	15.19	21.67
		DialogueInfer-(S,G,S+G)(E)(+K)	26.52	28.98	26.92	12.96	0.00	0.00	30.37	42.73	100.00	2.94	0.00	0.00	32.14	13.04	21.42

EmoryNLP 数据集

续表5.3

基座	外部知识	模型	EmoryNLP 数据集													$W-F_1$
			喜悦 (joyful)		气愤 (mad)		平和 (peaceful)		中性 (neutral)		悲伤 (sad)		强大 (powerful)		恐惧 (scared)		
			ACC.	F_1	ACC.	F_1	ACC.	F_1	ACC.	F_1	ACC.	F_1	ACC.	F_1	ACC.	F_1	
(Ro)BERT(a)-based	w/o K	RoBERTa	25.26	25.45	5.68	5.88	10.00	6.41	32.30	38.58	11.76	7.92	6.56	5.37	14.29	12.94	20.46
		RoBERTa sc-LSTM	23.04	30.72	33.33	20.34	23.08	9.09	33.01	40.65	40.00	5.56	0.00	0.00	18.18	6.06	22.26
		RoBERTa DialogueRNN	20.00	22.27	17.91	16.11	13.85	10.53	32.42	36.21	11.11	9.92	4.08	2.92	27.00	25.71	21.98
		DialogueInfer-S	27.98	26.18	19.05	16.55	9.68	7.14	34.25	41.45	10.17	9.52	10.42	7.35	18.10	17.67	23.39
		DialogueInfer-G	23.59	28.21	27.78	22.06	20.00	3.45	31.92	41.14	0.00	0.00	0.00	0.00	20.00	16.22	22.19
		DialogueInfer-(S+G)	24.90	27.98	27.08	20.00	22.22	3.48	30.71	40.92	15.38	5.00	0.00	0.00	20.41	12.58	21.83
		DialogueInfer-S(E)	25.84	27.00	22.95	19.58	15.22	9.21	33.83	41.03	17.50	13.08	5.13	3.15	26.85	26.61	24.89
		DialogueInfer-G(E)	24.79	27.51	18.92	17.95	24.00	9.16	31.59	40.28	5.56	2.35	0.00	0.00	25.56	19.54	22.67
		DialogueInfer-(S+G)(E)	25.40	28.70	24.62	21.77	9.09	1.71	33.06	42.95	7.69	4.30	8.00	3.54	28.26	16.67	23.31
		DialogueInfer-(S,G,S+G)(E)	26.72	30.14	25.42	21.28	20.00	9.93	34.36	41.17	18.52	10.64	3.57	1.72	23.53	24.45	25.25

续表5.3

基座	外部知识	模型	EmoryNLP 数据集												
			喜悦 (joyful)		气愤 (mad)		平和 (peaceful)		中性 (neutral)		悲伤 (sad)		强大 (powerful)		恐惧 (scared)		W－F_1
			ACC.	F_1	ACC.	F_1	ACC.	F_1	ACC.	F_1	ACC.	F_1	ACC.	F_1	ACC.	F_1	
(Ro)BERT(a)-based		COMET	23.53	26.11	13.33	7.14	0.00	0.00	29.11	38.99	30.00	7.79	9.26	7.04	18.60	10.46	19.93
		COSMIC	24.44	26.44	29.63	14.68	9.52	3.15	32.14	43.85	42.86	8.11	0.00	0.00	20.97	15.12	22.36
	with K	DialogueInfer－S（＋K）	27.61	25.42	19.05	16.55	9.68	7.14	34.07	41.44	10.17	9.52	10.42	7.35	17.14	16.74	23.11
		DialogueInfer－G（＋K）	24.16	28.26	28.30	22.22	20.00	3.45	31.98	41.76	0.00	0.00	0.00	0.00	19.72	15.47	22.30
		DialogueInfer－(S＋G)（＋K）	24.90	27.78	23.40	17.05	25.00	3.51	31.07	41.67	9.09	2.56	0.00	0.00	20.83	12.66	21.56
		DialogueInfer－S（E）（＋K）	26.21	27.20	22.58	19.44	15.56	9.27	33.66	40.90	17.07	12.96	5.13	3.15	26.85	26.61	24.89
		DialogueInfer－G（E）（＋K）	24.57	26.95	18.92	17.95	24.00	9.16	31.97	40.88	5.56	2.35	0.00	0.00	26.15	19.43	22.71
		DialogueInfer－(S＋G)（E）（＋K）	25.82	28.97	24.62	21.77	8.33	1.69	33.26	43.32	7.69	4.30	8.00	3.54	28.26	16.67	23.46
		DialogueInfer－(S,G,S＋G)（E）（＋K）	26.83	30.21	26.79	21.74	20.69	8.89	34.90	42.41	19.23	10.75	4.00	1.77	25.21	26.20	25.77

从表5.1、表5.2和表5.3中可以看出,总体而言,使用RoBERTa-based特征的模型要显著的优于使用GloVe-based的模型。这是因为RoBERTa-based的特征使用了更复杂的模型结构,对更大规模的非结构化文本数据进行了预训练。这样,更加丰富的文本信息被RoBERTa预训练语言模型所捕获。因此,使用RoBERTa-based特征的情绪预测模型在对话情绪预测任务中表现也更好。此外,模型在IEMOCAP数据集上的结果也明显优于MELD和EmoryNLP,这是因为IEMOCAP数据集拥有更长的对话轮数,这样提供给模型进行预测的证据也就更加丰富。

从表5.1 ~ 5.3中还可以看出,相较于单个基础模型来说,集成模型在3个数据集上都取得了显著提升。这表明情绪预测任务存在情绪反应的多样性问题。本书使用多个不同结构和参数的基础模型所输出的多个概率分布来模拟这种多样性问题,设计了一种自适应集成策略将所输出的多个概率分布进行集成,并选出最符合当前上下文语境的预测结果。结果表明,本书提出的自适应集成策略解决了多轮对话中对话者情绪反应的多样性问题,提升了基础情绪预测模型的性能。

总体而言,融入了知识的模型相较于未融入知识的模型都取得了一定程度的提升。一方面说明了外部知识对对话情绪预测任务的作用,另一方面也说明了本书提出的选择性知识融合策略的有效性。选择性知识融合策略可以有选择地融入外部知识,最大限度地发挥外部知识的作用,减少外部知识中错误信息带来的负面影响。

知识在不同数据集带来的提升效果也不同。在IEMOCAP数据集融入外部知识带来了较大的提升,而在MELD和EmoryNLP 2个数据集提升较小。例如,RoBERTa-based EmoInferS模型加入知识后记为RoBERTa-based EmoInferS（＋Knowledge）,在IEMOCAP数据集的结果从62.84%提升到64.24%,而在MELD数据集的结果仅从39.27%提升到39.43%。这是因为MELD和EmoryNLP 2个数据集中的语料来自电视节目 *Friends* 中的台词,它们的话语长度更短。在这2个数据集中,对话者在每一轮所说的话语长度较短,提供的信息也相对较少。另一个原因是,对于喜剧电视节目 *Friends* 而言,其语言通常表达了更深层次的含义,用于产生更大的喜剧效果。常识知识生成模型

COMET 基于事件数据,而喜剧电视节目中的台词与事件数据的语言风格存在显著差异,基于事件数据的常识知识生成模型无法准确捕获喜剧电视节目的台词中深层次的语言含义。

5.3.4　自适应决策器分析

在 5.2.1 小节中, 提出了 4 种自适应决策器:CNN-based AdaptiveDecisionMaker、Linear-based AdaptiveDecisionMaker、Hierarchical Linear-based AdaptiveDecisionMaker 和 Hierarchical Attention-based AdaptiveDecisionMaker。在表 5.4 中对比了 4 种方法,并且与传统的投票集成方法(vote-based)进行了对比。从表中可以看出,4 种自适应决策器总体上都要优于投票集成方法。这说明自适应集成策略更适合对话情绪预测任务。此外,4 种自适应决策器方法中,基于层级注意力的方法(hierarchical attention-based)总体表现更好。这是因为注意力机制可以自动学习不同模型的贡献权重,从而自适应地根据当前输入信息选择出最符合当前上下文语境的预测结果。在表 5.1 ~ 5.3 中汇报的最终结果使用了基于层级注意力的自适应决策器。

表 5.4　多种自适应决策器方法对比

基座	模型	IEMOCAP 数据集	MELD 数据集	EmoryNLP 数据集
GloVe-based	EmoInferS	61.14	37.76	20.72
	EmoInferG	60.32	35.26	20.08
	EmoInferSG	59.89	37.92	19.78
	EmoInfer(S,G,SG)(Ensemble) - (Vote)	64.8	**38.89**	19.65
	EmoInfer(S,G,SG)(Ensemble) - (CNN)	63.79	38.24	20.42
	EmoInfer(S,G,SG)(Ensemble) - (Linear)	64.88	38.27	**21.07**
	EmoInfer(S,G,SG)(Ensemble) - (Hierarchical - Linear)	64.5	38.35	20.56
	EmoInfer(S,G,SG)(Ensemble) - (Hierarchical - Attention)	**64.98**	38.28	19.9

续表5.4

基座	模型	IEMOCAP 数据集	MELD 数据集	EmoryNLP 数据集
（Ro）BERT（a）-based	EmoInferS	62.84	39.27	23.39
	EmoInferG	59.89	38.12	22.19
	EmoInferSG	64.13	38.67	21.83
	EmoInfer（S,G,SG）（Ensemble）－（Vote）	66.37	39.92	22.93
	EmoInfer（S,G,SG）（Ensemble）－（CNN）	64.82	39.65	24.23
	EmoInfer（S,G,SG）（Ensemble）－（Linear）	**66.65**	39.49	24.21
	EmoInfer（S,G,SG）（Ensemble）－（Hierarchical－Linear）	65.45	39.74	23.87
	EmoInfer（S,G,SG）（Ensemble）－（Hierarchical－Attention）	66.11	**40.08**	**25.25**

注：加粗数据表示在同类模型比较中表现最优的结果。

5.3.5　选择性知识融合器分析

在 5.2.2 小节中，提出了 4 种选择性知识融合器：Addition-based SelectiveKnowledgeIntegrator、Weighted Addition-based SelectiveKnowledgeIntegrator、Gate-based SelectiveKnowledgeIntegrator 和 Entropy Threshold-based SelectiveKnowledgeIntegrator。在表 5.5 中对比了 4 种方法，并且与传统的嵌入方法（Embedding-based，将知识表示向量直接嵌入到对话输入特征中）也进行了对比。从表中可以看出，4 种选择性知识融合器总体上都要优于传统的嵌入方法。这是因为选择性知识融合方法可以自动地选择是否融入对外部知识，使模型可以有效地利用外部知识，从而减少冗余和错误的外部知识对模型的负面影响。

表 5.5　多种选择性知识融合器方法对比

基座	模型	IEMOCAP 数据集	MELD 数据集	EmoryNLP 数据集
GloVe-based	EmoInferS	61.14	37.76	20.72
	EmoInferS（ + Knowledge） - （Embedding）	58.78	38.04	21.79
	EmoInferS（ + Knowledge） - （Addition）	61.58	37.65	21.39
	EmoInferS（ + Knowledge） - （WeightedAddition）	61	**39.15**	**22**
	EmoInferS（ + Knowledge） - （Gate）	61.38	38.48	21.77
	EmoInferS（ + Knowledge） - （EntropyThreshold）	**61.91**	37.9	21.94
(Ro)BERT(a)-based	EmoInferS	62.84	39.27	**23.39**
	EmoInferS（ + Knowledge） - （Embedding）	62.99	39.42	21.84
	EmoInferS（ + Knowledge） - （Addition）	64.24	38.68	22.99
	EmoInferS（ + Knowledge） - （WeightedAddition）	63.4	39.74	23.33
	EmoInferS（ + Knowledge） - （Gate）	63.56	**40.01**	23.24
	EmoInferS（ + Knowledge） - （EntropyThreshold）	**64.24**	39.43	23.11

注：加粗数据表示在同类模型比较中表现最优的结果。

4 种选择性知识融合器方法中,基于熵阈值(entropy threshold-based)的方法总体表现更好。其原因是,该方法根据模型输出概率分布的熵的阈值来判断样本的难易度,并且只针对困难样本融入外部知识的指导信息,从而减少了外部知识的滥用。然而,该方法需要人工根据不同的数据集以及不同的模型提供不同的阈值先验。在表 5.1 ～ 5.3 中汇报的最终结果使用了基于熵阈值的选择性知识融合器。

5.4　本 章 小 结

在多轮对话中,对话者在未来时刻的情绪反应可能存在多种。为了从多种候选的情绪反应中选择一种最符合当前上下文语境的情绪,本书提出了基于情绪反应多样性的自适应集成模型。该模型首先利用多个不同结构和参数的基础模型,预测对话者未来时刻的情绪,从而产生多种不同的预测结果。在此基础上,设计了一个自适应决策器,自动地从多种不同的预测结果中选择最符合当前上下文语境的预测结果。此外,还提出了一种选择性知识融合策略,对外部常识知识有选择地进行融入,从而减少冗余和错误的外部常识知识对模型的负面影响。在 3 个基准多轮对话数据集上进行了大量实验,结果表明,自适应集成情绪预测模型显著优于单一情绪预测模型,也证明了选择性知识融合策略的有效性。

第6章 总结与展望

针对多轮对话情绪预测任务,本书分析并总结了当前研究存在的问题和面临的挑战,从多轮对话中的情绪传播特性、情绪信息的多源性、情绪反应的多样性等角度,采用序列模型、图神经网络模型、知识图谱以及集成模型等技术,研究并提出了基于情绪传播特性的交互式双状态情绪细胞模型、基于多源信息融合的对话者感知模型以及基于情绪反应多样性的自适应集成模型。最后,在多个基准多轮对话数据集上验证了所提出方法的有效性。本书所提模型可为情绪对话生成、智能客服、心理健康咨询等领域的应用提供技术支撑。

6.1 总　结

本书主要的研究成果及创新点如下:

1.提出了基于情绪传播特性的交互式双状态情绪细胞模型

在多轮对话过程中,情绪传播具有3个显著的特性:上下文依赖性、持续性和感染性。为了在对话情绪建模中充分利用对话者的这3种情绪传播特性,本书提出了一种基于情绪传播特性的交互式双状态情绪细胞模型,将传播特性融入多轮对话情绪预测模型中。该模型包含情绪输入门、双状态情绪记忆单元、情绪交互门和情绪输出门,分别模拟了多轮对话过程中对话者情绪状态的输入、存储、交互及输出。并且,这些门控和情绪记忆单元刻画了多轮对话中情绪传播的上下文依赖性、持续性和感染性。在多轮对话数据集上进行实验,实验结果表明,交互式双状态情绪细胞模型在多轮对话情绪预测任务上优于其他基线模型。此外,实验结果还揭示了在日常对话交流中积极情绪与消极情绪的传播差异,即积极情绪比消极情绪更具感染性。这一结论对后续情绪相关研究具有重要的指导意义。

2.提出了基于多源信息融合的对话者感知模型

在多轮对话情绪预测过程中,存在大量的对话历史信息,这些历史信息不仅记录了对话者的讲话内容、讲话主题及讲话风格等,还蕴含了对话者的身份信息。此外,对话相关的外部常识知识也对情绪预测至关重要。本书提出了基于多源信息融合的对话者感知模型,将长短期对话历史信息、对话者身份信息以及外部常识知识信息进行融合,以提升模型在对话情绪预测任务上的性能。模型包括用于建模长短期对话历史信息的序列结构和图结构模块,用于嵌入对话者身份信息的对话者感知模块,以及用于增强模型预测能力的常识知识融合模块。在 3 个多轮对话数据集上进行实验,实验结果表明,基于多源信息融合的对话者感知模型优于其他基线模型。并且,长短期对话历史信息、对话者身份信息以及外部常识知识信息均提升了多轮对话情绪预测模型的性能。此外,在相关的定性实验分析中还发现了一些对话情绪分析的潜在特征。例如,同类型情绪之间存在较大的转变率,而不同类型情绪之间的转变率相对较低。

3.提出了基于情绪反应多样性的自适应集成模型

在多轮对话中,对话者在未来时刻的情绪反应可能存在多种。这就需要模型根据多轮对话历史信息,从多种候选的情绪反应中选择一种最符合当前上下文语境的情绪。为了解决这一问题,本书提出了基于情绪反应多样性的自适应集成模型。该模型首先利用多个不同结构和参数的基础模型,预测对话者未来时刻的情绪,从而产生多种不同的预测结果。在此基础上,设计一个自适应决策器,自动地从多种不同的预测结果中选择最符合当前上下文语境的预测结果。此外,本书还提出了一种选择性知识融合策略,对外部常识知识有选择地进行融入,从而减少冗余和错误的外部常识知识对模型的负面影响。在多个数据集上进行了定量分析,结果表明,自适应集成情绪预测模型显著优于单一情绪预测模型,也证明了选择性知识融合策略的有效性。

6.2　展　望

面向多轮对话中的情绪预测任务,本书从多个方面开展了相应的研究,并取得一些重要的研究成果。在未来工作中,我们将从以下几个方面展开工作:

1.融合更加丰富的背景信息

情绪分析具有主观特性,不同身份、性格、经历的人对同一事件所产生的情绪反应可能大不相同,这大大增加了情绪预测的难度。在未来的工作中,我们将融合更多的背景信息,如对话者性格和侧写、对话场景描述、对话主题信息等,以提供更加丰富的情绪预测证据。此外,多模态的背景信息融合,如语音和图像等,也是在未来工作中进行探讨的内容。

2.建立情绪推理知识图谱

目前尚未有针对对话情绪预测任务而建立的知识图谱与常识知识库。利用模型自动生成的外部常识知识虽然可以在一定程度上提高模型的性能,但自动生成的外部常识知识中存在大量冗余、不相关及错误的信息,这些噪声信息将会对模型产生负面影响。因此,在未来工作中,我们将构建一个针对对话数据的情绪推理知识图谱,为相关领域研究提供数据支撑。

3.应用于情感对话生成中

多轮对话情绪预测研究具有广阔的应用场景,如情绪聊天机器人、智能客服及心理健康咨询等领域。在未来的工作中,我们将把本书提出的多轮对话情绪预测技术应用到实际产品中,为相关领域的应用提供技术支撑。

参 考 文 献

［1］ BOSSELUT A, RASHKIN H, SAP M, et al. COMET: Commonsense trans-
formers for automatic knowledge graph construction［C］// Proceedings of the
57th Annual Meeting of the Association for Computational Linguistics. Flor-
ence, Italy: Association for Computational Linguistics, 2019: 4762-4779.

［2］ 赵阳洋, 王振宇, 王佩, 等. 任务型对话系统研究综述［J］. 计算机学报,
2020, 43(10): 1862-1896.

［3］ TURING A M. Computing machinery and intelligence［J］. Mind, 1950, 59
(236): 433-460.

［4］ PICARD R W. Affective computing［J］.MIT media laboratory perceptual com-
puting section technical report, 1995, 321(2139): 92.

［5］ PICARD R W. Affective computing: from laughter to IEEE［J］. IEEE Transac-
tions on Affective Computing, 2010, 1(1): 11-17.

［6］ 张迎辉, 林学照. 情感可以计算:情感计算综述［J］. 计算机科学, 2008, 35
(5): 5-8.

［7］ HU J, LIU Y, ZHAO J, et al. MMGCN: Multimodal fusion via deep graph
convolution network for emotion recognition in conversation ［C］//Proceedings
of the 59th Annual Meeting of the Association for Computational Linguistics and
the 11th International Joint Conference on Natural Language Processing (Vol-
ume 1: Long Papers). Online: Association for Computational Linguistics,
2021: 5666-5675.

［8］ YAN H, DAI J, JI T, et al. A unified generative framework for aspect-based
sentiment analysis［C］//Proceedings of the 59th Annual Meeting of the Associ-
ation for Computational Linguistics and the 11th International Joint Conference

on Natural Language Processing（Volume 1：Long Papers）. Online：Associa-tion for Computational Linguistics，2021：2416-2429.

[9] YAN H, GUI L, PERGOLA G, et al. Position bias mitigation：A knowledge-aware graph model for emotion cause extraction[C]// Proceedings of the 59th Annual Meeting of the Association for Computational Linguistics and the 11th International Joint Conference on Natural Language Processing（Volume 1：Long Papers）. Online：Association for Computational Linguistics，2021：3364-3375.

[10] HU D, WEI L, HUAI X. DialogueCRN：Contextual reasoning networks for e-motion recognition in conversations[C]//Proceedings of the 59th Annual Meeting of the Association for Computational Linguistics and the 11th Interna-tional Joint Conference on Natural Language Processing（Volume 1：Long Pa-pers）. Online：Association for Computational Linguistics，2021：7042-7052.

[11] ZHU L, PERGOLA G, GUI L, et al. Topic-driven and knowledge-aware transformer for dialogue emotion detection[C]// Proceedings of the 59th An-nual Meeting of the Association for Computational Linguistics and the 11th In-ternational Joint Conference on Natural Language Processing（Volume 1：Long Papers）. Online：Association for Computational Linguistics，2021：1571-1582.

[12] SHEN W, WU S, YANG Y, et al. Directed acyclic graph network for conver-sational emotion recognition[C]//Proceedings of the 59th Annual Meeting of the Association for Computational Linguistics and the 11th International Joint Conference on Natural Language Processing（Volume 1：Long Papers）. On-line：Association for Computational Linguistics，2021：1551-1560.

[13] LIU S, ZHENG C, DEMASI O, et al. Towards emotional support dialog sys-tems[C]//Proceedings of the 59th Annual Meeting of the Association for Computational Linguistics and the 11th International Joint Conference on Nat-ural Language Processing（Volume 1：Long Papers）. Online：Association for Computational Linguistics，2021：3469-3483.

[14] SCHULLER B, VALSTER M, EYBEN F, et al. Avec 2012：The continuous audio/visual emotion challenge[C]//ICMI'12：Proceedings of the 14th

ACM International Conference on Multimodal Interaction. New York, USA: Association for Computing Machinery, 2012: 449-456.

[15] LI Y, TAO J, SCHULLER B, et al. MEC 2017: Multimodal emotion recognition challenge[C]//2018 First Asian Conference on Affective Computing and Intelligent Interaction (ACII Asia), 2018: 1-5.

[16] CHATTERJEE A, NARAHARI K N, JOSHI M, et al. SemEval-2019 task 3: EmoContext contextual emotion detection in text[C]// Proceedings of the 13th International Workshop on Semantic Evaluation. Minneapolis, USA: Association for Computational Linguistics, 2019: 39-48.

[17] LIU B. Sentiment analysis and opinion mining[J]. Synthesis lectures on human language technologies, 2012, 5(1): 1-167.

[18] 刘兵.情感分析:挖掘观点、情感和情绪[M].刘康,赵军,译.北京:机械工业出版社,2017.

[19] PLUTCHIK R. A psychoevolutionary theory of emotions[J]. Social science information, 1982, 21(4-5): 529-553.

[20] EKMAN P. Facial expression and emotion. [J]. American psychologist, 1993, 48(4): 384-392.

[21] 徐琳宏,林鸿飞,潘宇,等. 情感词汇本体的构造[J]. 情报学报, 2008, 27(2): 180-185.

[22] ALM C O, ROTH D, SPROAT R. Emotions from text: Machine learning for text-based emotion prediction[C]//Proceedings of Human Language Technology Conference and Conference on Empirical Methods in Natural Language Processing. Vancouver, Canada: Association for Computational Linguistics, 2005: 579-586.

[23] GAO W, LI S, LEE S Y M, et al. Joint learning on sentiment and emotion classification[C]//CIKM '13: Proceedings of the 22nd ACM International Conference on Information & Knowledge Management. New York, USA: Association for Computing Machinery, 2013: 1505-1508.

[24] CHANG Y C, CHEN C C, HSIEH Y L, et al. Linguistic template extraction for recognizing reader-emotion and emotional resonance writing assistance [C]//Proceedings of the 53rd Annual Meeting of the Association for Compu-

tational Linguistics and the 7th International Joint Conference on Natural Language Processing (Volume 2: Short Papers). Beijing, China: Association for Computational Linguistics, 2015: 775−780.

[25] GUI L, WU D, XU R, et al. Event-driven emotion cause extraction with corpus construction [C]//Proceedings of the 2016 Conference on Empirical Methods in Natural Language Processing. Austin, USA: Association for Computational Linguistics, 2016: 1639−1649.

[26] CHENG X, CHEN Y, CHENG B, et al. An emotion cause corpus for Chinese microblogs with multiple-user structures[J]. ACM transaction on Asian and Low-resource Language Information Processing, 2017, 17(1):1−19.

[27] KIM E, KLINGER R. Who feels what and why? annotation of a literature corpus with semantic roles of emotions[C]//Proceedings of the 27th International Conference on Computational Linguistics. Santa Fe, USA: Association for Computational Linguistics, 2018: 1345−1359.

[28] GUI L, HU J, HE Y, et al. A question answering approach for emotion cause extraction[C]//Proceedings of the 2017 Conference on Empirical Methods in Natural Language Processing. Copenhagen, Denmark: Association for Computational Linguistics, 2017: 1593−1602.

[29] XIA R, DING Z. Emotion-cause pair extraction: A new task to emotion analysis in texts[C]//Proceedings of the 57th Annual Meeting of the Association for Computational Linguistics. Florence, Italy: Association for Computational Linguistics, 2019: 1003−1012.

[30] OBERLÄNDER L A M, KLINGER R. Token sequence labeling vs. clause classification for English emotion stimulus detection[C]// Proceedings of the Ninth Joint Conference on Lexical and Computational Semantics. Barcelona, Spain (Online): Association for Computational Linguistics, 2020: 58−70.

[31] PONTIKI M, GALANIS D, PAVLOPOULOS J, et al. SemEval−2014 task 4: Aspect based sentiment analysis[C]//Proceedings of the 8th International Workshop on Semantic Evaluation (SemEval 2014). Dublin, Ireland: Association for Computational Linguistics, 2014: 27−35.

[32] MA D, LI S, WU F, et al. Exploring sequence-to-sequence learning in aspect

term extraction[C]//Proceedings of the 57th Annual Meeting of the Association for Computational Linguistics. Florence, Italy: Association for Computational Linguistics, 2019: 3538-3547.

[33] LI K, CHEN C, QUAN X, et al. Conditional augmentation for aspect term extraction via masked sequence-to-sequence generation[C]// Proceedings of the 58th Annual Meeting of the Association for Computational Linguistics. Online: Association for Computational Linguistics, 2020: 7056-7066.

[34] CHEN Z, QIAN T. Relation-aware collaborative learning for unified aspect-based sentiment analysis[C]//Proceedings of the 58th Annual Meeting of the Association for Computational Linguistics. Online: Association for Computational Linguistics, 2020: 3685-3694.

[35] HE R, LEE W S, NG H T, et al. An interactive multi-task learning network for end-to-end aspect-based sentiment analysis[C]// Proceedings of the 57th Annual Meeting of the Association for Computational Linguistics. Florence, Italy: Association for Computational Linguistics, 2019: 504-515.

[36] TANG D, QIN B, LIU T. Aspect level sentiment classification with deep memory network[C]//Proceedings of the 2016 Conference on Empirical Methods in Natural Language Processing. Austin, USA: Association for Computational Linguistics, 2016: 214-224.

[37] CHEN P, SUN Z, BING L, et al. Recurrent attention network on memory for aspect sentiment analysis[C]//Proceedings of the 2017 Conference on Empirical Methods in Natural Language Processing. Copenhagen, Denmark: Association for Computational Linguistics, 2017: 452-461.

[38] WU Z, ZHAO F, DAI X Y, et al. Latent opinions transfer network for target-oriented opinion words extraction[C]//Proceedings of the AAAI Conference on Artificial Intelligence, 2020: 9298-9305.

[39] POURAN BEN VEYSEH A, NOURI N, DERNONCOURT F, et al. Introducing syntactic structures into target opinion word extraction with deep learning [C]//Proceedings of the 2020 Conference on Empirical Methods in Natural Language Processing (EMNLP). Online: Association for Computational Linguistics, 2020: 8947-8956.

[40] HU M, PENG Y, HUANG Z, et al. Open-domain targeted sentiment analysis via span-based extraction and classification[C]// Proceedings of the 57th Annual Meeting of the Association for Computational Linguistics. Florence, Italy: Association for Computational Linguistics, 2019: 537-546.

[41] ZHAO H, HUANG L, ZHANG R, et al. SpanMlt: A span-based multi-task learning framework for pair-wise aspect and opinion terms extraction[C]// Proceedings of the 58th Annual Meeting of the Association for Computational Linguistics. Online: Association for Computational Linguistics, 2020: 3239-3248.

[42] PENG H, XU L, BING L, et al. Knowing what, how and why: A near complete solution for aspect-based sentiment analysis[C]// Proceedings of the AAAI conference on artificial intelligence, 2020: 8600-8607.

[43] XU L, LI H, LU W, et al. Position-aware tagging for aspect sentiment triplet extraction[C]//Proceedings of the 2020 Conference on Empirical Methods in Natural Language Processing (EMNLP). Online: Association for Computational Linguistics, 2020: 2339-2349.

[44] PORIA S, MAJUMDER N, MIHALCEA R, et al. Emotion recognition in conversation: research challenges, datasets, and recent advances[J]. IEEE access, 2019(7): 100943-100953.

[45] PORIA S, CAMBRIA E, HAZARIKA D, et al. Context-dependent sentiment analysis in user-generated videos[C]//Proceedings of the 55th Annual Meeting of the Association for Computational Linguistics (Volume 1: Long Papers). Vancouver, Canada: Association for Computational Linguistics, 2017: 873-883.

[46] HAZARIKA D, PORIA S, MIHALCEA R, et al. ICON: Interactive conversational memory network for multimodal emotion detection[C]//Proceedings of the 2018 Conference on Empirical Methods in Natural Language Processing. Brussels, Belgium: Association for Computational Linguistics, 2018: 2594-2604.

[47] HAZARIKA D, PORIA S, ZADEH A, et al. Conversational memory network for emotion recognition in dyadic dialogue videos[C]// Proceedings of the

2018 Conference of the North American Chapter of the Association for Computational Linguistics: Human Language Technologies, Volume 1 (Long Papers). New Orleans, USA: Association for Computational Linguistics, 2018: 2122-2132.

[48] MAJUMDER N, PORIA S, HAZARIKA D, et al. DialogueRNN: An attentive RNN for emotion detection in conversations [C]//Proceedings of the AAAI conference on artificial intelligence, 2019: 6818-6825.

[49] ZHANG D, WU L, SUN C, et al. Modeling both context-and speaker-sensitive dependence for emotion detection in multi-speaker conversations [C]// Proceedings of the Twenty-eighth International Joint Conference on Artificial Intelligence, IJCAI-19. International Joint Conferences on Artificial Intelligence Organization, 2019: 5415-5421.

[50] GHOSAL D, MAJUMDER N, PORIA S, et al. DialogueGCN: A graph convolutional neural network for emotion recognition in conversation [C]//Proceedings of the 2019 Conference on Empirical Methods in Natural Language Processing and the 9th International Joint Conference on Natural Language Processing (EMNLP-IJCNLP). Hong Kong, China: Association for Computational Linguistics, 2019: 154-164.

[51] ZHONG P, WANG D, MIAO C. Knowledge-enriched transformer for emotion detection in textual conversations [C]//Proceedings of the 2019 Conference on Empirical Methods in Natural Language Processing and the 9th International Joint Conference on Natural Language Processing (EMNLP - IJCNLP). Hong Kong, China: Association for Computational Linguistics, 2019: 165-176.

[52] GHOSAL D, MAJUMDER N, GELBUKH A, et al. COSMIC: COmmonSense knowledge for eMotion identification in conversations [C]//Findings of the Association for Computational Linguistics: EMNLP 2020. Online: Association for Computational Linguistics, 2020: 2470-2481.

[53] WANG Y, ZHANG J, MA J, et al. Contextualized emotion recognition in conversation as sequence tagging[C]//Proceedings of the 21st Annual Meeting of the Special Interest Group on Discourse and Dialogue. 1st virtual meet-

ing：Association for Computational Linguistics，2020：186-195.

[54] LI Y, SU H, SHEN X, et al. DailyDialog：A manually labelled multi-turn dialogue dataset[C]//Proceedings of the Eighth International Joint Conference on Natural Language Processing (Volume 1：Long Papers). Asian Federation of Natural Language Processing, 2017：986-995.

[55] ZHOU X, WANG W Y. MojiTalk：Generating emotional responses at scale [C]//Proceedings of the 56th Annual Meeting of the Association for Computational Linguistics (Volume 1：Long Papers). Melbourne, Australia：Association for Computational Linguistics, 2018：1128-1137.

[56] ZHOU H, HUANG M, ZHANG T, et al. Emotional chatting machine：Emotional conversation generation with internal and external memory[C]//Proceedings of the AAAI Conference on Artificial Intelligence, 2018：730-738.

[57] LUBIS N, SAKTI S, YOSHINO K, et al. Eliciting positive emotion through affect-sensitive dialogue response generation：A neural network approach [C]//Proceedings of the AAAI conference on artificial intelligence, 2018：5293-5300.

[58] HUBER B, MCDUFF D, BROCKETT C, et al. Emotional dialogue generation using image-grounded language models[C]//CHI '18：Proceedings of the 2018 CHI Conference on Human Factors in Computing Systems. New York, USA：Association for Computing Machinery, 2018：1-12.

[59] COLOMBO P, WITON W, MODI A, et al. Affect-driven dialog generation [C]//Proceedings of the 2019 Conference of the North American Chapter of the Association for Computational Linguistics：Human Language Technologies, Volume 1 (Long and Short Papers). Minneapolis, USA：Association for Computational Linguistics, 2019：3734-3743.

[60] RASHKIN H, SMITH E M, LI M, et al. Towards empathetic open-domain conversation models：A new benchmark and dataset[C]// Proceedings of the 57th Annual Meeting of the Association for Computational Linguistics. Florence, Italy：Association for Computational Linguistics, 2019：5370-5381.

[61] LIN Z, MADOTTO A, SHIN J, et al. MoEL：Mixture of empathetic listeners [C]//Proceedings of the 2019 Conference on Empirical Methods in Natural

Language Processing and the 9th International Joint Conference on Natural Language Processing (EMNLP-IJCNLP). Hong Kong, China: Association for Computational Linguistics, 2019: 121-132.

[62] MAJUMDER N, HONG P, PENG S, et al. MIME: MIMicking emotions for empathetic response generation[C]//Proceedings of the 2020 Conference on Empirical Methods in Natural Language Processing (EMNLP). Online: Association for Computational Linguistics, 2020: 8968-8979.

[63] SHARMA A, MINER A, ATKINS D, et al. A computational approach to understanding empathy expressed in text-based mental health support[C]//Proceedings of the 2020 Conference on Empirical Methods in Natural Language Processing (EMNLP). Online: Association for Computational Linguistics, 2020: 5263-5276.

[64] ZHONG P, ZHANG C, WANG H, et al. Towards persona-based empathetic conversational models[C]//Proceedings of the 2020 Conference on Empirical Methods in Natural Language Processing (EMNLP). Online: Association for Computational Linguistics, 2020: 6556-6566.

[65] ZHENG C, LIU Y, CHEN W, et al. CoMAE: A multi-factor hierarchical framework for empathetic response generation[C]// Findings of the Association for Computational Linguistics: ACL-IJCNLP 2021. Online: Association for Computational Linguistics, 2021: 813-824.

[66] WELCH C, LAHNALA A, PEREZ-ROSAS V, et al. Expressive interviewing: A conversational system for coping with COVID-19 [C]//Proceedings of the 1st Workshop on NLP for COVID-19 (Part 2) at EMNLP 2020. Online: Association for Computational Linguistics, 2020:1-14.

[67] SHEN S, WELCH C, MIHALCEA R, et al. Counseling-style reflection generation using generative pretrained transformers with augmented context[C]// Proceedings of the 21st Annual Meeting of the Special Interest Group on Discourse and Dialogue. 1st virtual meeting: Association for Computational Linguistics, 2020: 10-20.

[68] SUN H, LIN Z, ZHENG C, et al. PsyQA: A Chinese dataset for generating long counseling text for mental health support[C]// Findings of the Associa-

tion for Computational Linguistics: ACL−IJCNLP 2021. Online: Association for Computational Linguistics, 2021: 1489−1503.

[69] LIN K H Y, YANG C, CHEN H H. Emotion classification of online news articles from the reader's perspective[C]//2008 IEEE/WIC/ACM International Conference on Web Intelligence and Intelligent Agent Technology, 2008: 220−226.

[70] HASEGAWA T, KAJI N, YOSHINAGA N, et al. Predicting and eliciting addressee's emotion in online dialogue[C]//Proceedings of the 51st Annual Meeting of the Association for Computational Linguistics (Volume 1: Long Papers). Sofia, Bulgaria: Association for Computational Linguistics, 2013: 964−972.

[71] BOTHE C, MAGG S, WEBER C, et al. Dialogue-based neural learning to estimate the sentiment of a next upcoming utterance[C]// LINTAS A, ROVETTA S, VERSCHURE P F, et al. Artificial Neural Networks and Machine Learning − ICANN 2017. Cham: Springer International Publishing, 2017: 477−485.

[72] WANG Z, ZHU X, ZHANG Y, et al. Sentiment forecasting in dialog[C]// Proceedings of the 28th International Conference on Computational Linguistics. Barcelona, Spain (Online): International Committee on Computational Linguistics, 2020: 2448−2458.

[73] RASHKIN H, BOSSELUT A, SAP M, et al. Modeling naive psychology of characters in simple commonsense stories[C]//Proceedings of the 56th Annual Meeting of the Association for Computational Linguistics (Volume 1: Long Papers). Melbourne, Australia: Association for Computational Linguistics, 2018: 2289−2299.

[74] GAONKAR R, KWON H, BASTAN M, et al. Modeling label semantics for predicting emotional reactions[C]//Proceedings of the 58th Annual Meeting of the Association for Computational Linguistics. Online: Association for Computational Linguistics, 2020: 4687−4692.

[75] SPEER R, CHIN J, HAVASI C. ConceptNet 5.5: An open multi-lingual graph of general knowledge[C]//Proceedings of the AAAI conference on ar-

tificial intelligence, 2017:4444-4451.

[76] CAMBRIA E, PORIA S, HAZARIKA D, et al. SenticNet 5: Discovering conceptual primitives for sentiment analysis by means of context embeddings [C]//Proceedings of the AAAI conference on artificial intelligence, 2018: 1795-1802.

[77] RASHKIN H, SAP M, ALLAWAY E, et al. Event2Mind: Commonsense inference on events, intents, and reactions[C]//Proceedings of the 56th Annual Meeting of the Association for Computational Linguistics (Volume 1: Long Papers). Melbourne, Australia: Association for Computational Linguistics, 2018: 463-473.

[78] SAP M, LE BRAS R, ALLAWAY E, et al. Atomic: An atlas of machine commonsense for if-then reasoning[C]//Proceedings of the AAAI conference on artificial intelligence, 2019: 3027-3035.

[79] ZHOU H, YOUNG T, HUANG M, et al. Commonsense knowledge aware conversation generation with graph attention[C]// Proceedings of the Twenty-seventh International Joint Conference on Artificial Intelligence, IJCAI-18. International Joint Conferences on Artificial Intelligence Organization, 2018: 4623-4629.

[80] YOUNG T, CAMBRIA E, CHATURVEDI I, et al. Augmenting end-to-end dialogue systems with commonsense knowledge [C]// Proceedings of the AAAI conference on artificial intelligence, 2018:4970-4977.

[81] PETERS M E, NEUMANN M, IYYER M, et al. Deep contextualized word representations[C]//Proceedings of the 2018 Conference of the North American Chapter of the Association for Computational Linguistics: Human Language Technologies, Volume 1 (Long Papers). New Orleans, USA: Association for Computational Linguistics, 2018: 2227-2237.

[82] VASWANI A, SHAZEER N, PARMAR N, et al. Attention is all you need [C]//GUYON I, LUXBURG U V, BENGIO S, et al. Advances in Neural Information Processing Systems: Vol. 30. Curran Associates, Inc., 2017: 5998-6008.

[83] DEVLIN J, CHANG M W, LEE K, et al. BERT: Pre-training of deep bidi-

rectional transformers for language understanding[C]// Proceedings of the 2019 Conference of the North American Chapter of the Association for Computational Linguistics: Human Language Technologies, Volume 1 (Long and Short Papers). Minneapolis, USA: Association for Computational Linguistics, 2019: 4171-4186.

[84] YANG Z, DAI Z, YANG Y, et al. XLNet: Generalized autoregressive pre-training for language understanding[C]//WALLACH H, LAROCHELLE H, BEYGELZIMER A, et al. Advances in Neural Information Processing Systems: Vol. 32. Curran Associates, Inc., 2019:5754-5764.

[85] DAI Z, YANG Z, YANG Y, et al. Transformer-XL: Attentive language models beyond a fixed-length context[C]//Proceedings of the 57th Annual Meeting of the Association for Computational Linguistics. Florence, Italy: Association for Computational Linguistics, 2019: 2978-2988.

[86] LEWIS M, LIU Y, GOYAL N, et al. BART: Denoising sequence to sequence pre-training for natural language generation, translation, and comprehension [C]//Proceedings of the 58th Annual Meeting of the Association for Computational Linguistics. Online: Association for Computational Linguistics, 2020: 7871-7880.

[87] BROWN T, MANN B, RYDER N, et al. Language models are few-shot learners[C]//LAROCHELLE H, RANZATO M, HADSELL R, et al. Advances in Neural Information Processing Systems: Vol. 33. Curran Associates, Inc., 2020: 1877-1901.

[88] ZHANG Z, HAN X, LIU Z, et al. ERNIE: Enhanced language representation with informative entities[C]//Proceedings of the 57th Annual Meeting of the Association for Computational Linguistics. Florence, Italy: Association for Computational Linguistics, 2019: 1441-1451.

[89] SUN Y, WANG S, LI Y, et al. Ernie 2.0: A continual pre-training framework for language understanding[C]//Proceedings of the AAAI conference on artificial intelligence, 2020: 8968-8975.

[90] MA Y, NGUYEN K L, XING F Z, et al. A survey on empathetic dialogue systems[J]. Information fusion, 2020(64): 50-70.

[91] BUSSO C, BULUT M, LEE C C, et al. IEMOCAP: Interactive emotional dyadic motion capture database[J]. Language resources and evaluation, 2008, 42(4): 335-359.

[92] PORIA S, HAZARIKA D, MAJUMDER N, et al. MELD: A multimodal multi-party dataset for emotion recognition in conversations [C]//Proceedings of the 57th Annual Meeting of the Association for Computational Linguistics. Florence, Italy: Association for Computational Linguistics, 2019: 527-536.

[93] KIM Y. Convolutional neural networks for sentence classification [C]//Proceedings of the 2014 Conference on Empirical Methods in Natural Language Processing (EMNLP). Doha, Qatar: Association for Computational Linguistics, 2014: 1746-1751.

[94] HOCHREITER S, SCHMIDHUBER J. Long short-term memory[J]. Neural computation, 1997, 9(8): 1735-1780.

[95] SERBAN I, SORDONI A, BENGIO Y, et al. Building end-to-end dialogue systems using generative hierarchical neural network models [C]//Proceedings of the AAAI conference on artificial intelligence, 2016:3776-3783.

[96] CHO K, VAN MERRIËNBOER B, GULCEHRE C, et al. Learning phrase representations using RNN encoder-decoder for statistical machine translation [C]//Proceedings of the 2014 Conference on Empirical Methods in Natural Language Processing (EMNLP). Doha, Qatar: Association for Computational Linguistics, 2014: 1724-1734.

[97] SCHLICHTKRULL M, KIPF T N, BLOEM P, et al. Modeling relational data with graph convolutional networks[C]//GANGEMI A, NAVIGLI R, VIDAL M E, et al. The Semantic Web. Cham: Springer International Publishing, 2018: 593-607.

[98] LAI G, XIE Q, LIU H, et al. RACE: Large-scale ReAding comprehension dataset from examinations[C]//Proceedings of the 2017 Conference on Empirical Methods in Natural Language Processing. Copenhagen, Denmark: Association for Computational Linguistics, 2017: 785-794.

[99] RAJPURKAR P, ZHANG J, LOPYREV K, et al. SQuAD: 100,000+ ques-

tions for machine comprehension of text[C]//Proceedings of the 2016 Conference on Empirical Methods in Natural Language Processing. Austin, USA: Association for Computational Linguistics, 2016: 2383-2392.

[100] RAJPURKAR P, JIA R, LIANG P. Know what you don't know: Unanswerable questions for SQuAD[C]//Proceedings of the 56th Annual Meeting of the Association for Computational Linguistics (Volume 2: Short Papers). Melbourne, Australia: Association for Computational Linguistics, 2018: 784-789.

[101] FELBO B, MISLOVE A, SØGAARD A, et al. Using millions of emoji occurrences to learn any-domain representations for detecting sentiment, emotion and sarcasm[C]//Proceedings of the 2017 Conference on Empirical Methods in Natural Language Processing. Copenhagen, Denmark: Association for Computational Linguistics, 2017: 1615-1625.

[102] DAGAN I, GLICKMAN O, MAGNINI B. The pascal recognising textual entailment challenge[C]//QUIÑONERO-CANDELA J, DAGAN I, MAGNINI B, et al. Machine Learning Challenges. Evaluating Predictive Uncertainty, Visual Object Classification, and Recognising Tectual Entailment. Berlin, Germany: Springer Berlin Heidelberg, 2006: 177-190.

[103] BOWMAN S R, ANGELI G, POTTS C, et al. A large annotated corpus for learning natural language inference[C]//Proceedings of the 2015 Conference on Empirical Methods in Natural Language Processing. Lisbon, Portugal: Association for Computational Linguistics, 2015: 632-642.

[104] ZELLERS R, BISK Y, SCHWARTZ R, et al. SWAG: A large-scale adversarial dataset for grounded commonsense inference[C]// Proceedings of the 2018 Conference on Empirical Methods in Natural Language Processing. Brussels, Belgium: Association for Computational Linguistics, 2018: 93-104.

[105] DAVIS E, MARCUS G. Commonsense reasoning and commonsense knowledge in artificial intelligence[J]. Communication of the ACM, 2015, 58(9): 92-103.

[106] LAKE B M, ULLMAN T D, TENENBAUM J B, et al. Building machines

that learn and think like people[J]. Behavioral and brain sciences, 2017 (40): e253.

[107] NAIR V, HINTON G E. Rectified linear units improve restricted boltzmann machines[C]//Proceedings of the 27th international conference on machine learning (ICML-10), 2010: 807-814.

[108] GLOROT X, BORDES A, BENGIO Y. Deep sparse rectifier neural networks [C]//GORDON G, DUNSON D, DUDíK M. Proceedings of Machine Learning Research: Vol. 15 Proceedings of the Fourteenth International Conference on Artificial Intelligence and Statistics. Fort Lauderdale, FL, USA: PMLR, 2011: 315-323.

[109] FAYOUMI K, YENITERZI R. SU-NLP at WNUT-2020 task 2: The ensemble models[C]//Proceedings of the Sixth Workshop on Noisy User-generated Text (W-NUT 2020). Online: Association for Computational Linguistics, 2020: 423-427.

[110] TASNEEM F, NAIM J, TASNIA R, et al. CSECU-DSG at WNUT 2020 task 2: Exploiting ensemble of transfer learning and hand-crafted features for identification of informative COVID-19 English tweets [C]//Proceedings of the Sixth Workshop on Noisy User-generated Text (W-NUT 2020). Online: Association for Computational Linguistics, 2020: 394-398.

[111] BROOKS J, YOUSSEF A. Metaphor detection using ensembles of bidirectional recurrent neural networks[C]//Proceedings of the Second Workshop on Figurative Language Processing. Online: Association for Computational Linguistics, 2020: 244-249.

[112] KNAFOU J, NADERI N, COPARA J, et al. BiTeM at WNUT 2020 shared task-1: Named entity recognition over wet lab protocols using an ensemble of contextual language models[C]//Proceedings of the Sixth Workshop on Noisy User-generated Text (W-NUT 2020). Online: Association for Computational Linguistics, 2020: 305-313.

[113] SINGH J, WADHAWAN A. PublishInCovid19 at WNUT 2020 shared task-1: Entity recognition in wet lab protocols using structured learning ensemble and contextualised embeddings[C]//Proceedings of the Sixth Workshop on

Noisy User-generated Text (W-NUT 2020). Online: Association for Computational Linguistics, 2020: 273-280.

[114] ZHANG N, DENG S, CHENG X, et al. Drop redundant, shrink irrelevant: Selective knowledge injection for language pretraining [C]//ZHOU Z H. Proceedings of the Thirtieth International Joint Conference on Artificial Intelligence, IJCAI-21. International Joint Conferences on Artificial Intelligence Organization, 2021: 4007-4014.